U0256220

红 灯

拉宾斯

艳 阳

早生凡

美 早

斯帕克里

黑珍珠

桑提娜

实用甜樱桃栽培
管理误区新解

张文瑞　苗吉信　主编

中国农业出版社

图书在版编目（CIP）数据

实用甜樱桃栽培管理误区新解/张文瑞，苗吉信主编 . —北京：中国农业出版社，2015.10（2019.1 重印）
ISBN 978-7-109-21002-8

Ⅰ.①实… Ⅱ.①张…②苗… Ⅲ.①樱桃—果树园艺 Ⅳ.①S662.5

中国版本图书馆 CIP 数据核字（2015）第 243452 号

中国农业出版社出版
（北京市朝阳区麦子店街 18 号楼）
（邮政编码 100125）
策划编辑　贺志清　舒　薇
文字编辑　宋美仙

北京中兴印刷有限公司印刷　新华书店北京发行所发行
2016 年 1 月第 1 版　　2019 年 1 月北京第 3 次印刷

开本：850mm×1168mm　1/32　印张：4.125　插页：1
字数：100 千字　印数：6 001～8 000 册
定价：15.00 元
（凡本版图书出现印刷、装订错误，请向出版社发行部调换）

编 委 会

主　　编：张文瑞　苗吉信

副 主 编：刘汉涛　闫振华　崔　椿　鲁志弘
　　　　　张国华

编写人员：（以姓名笔画为序）

　　　　　丁国泰　　王　静　　尹鲁波　　史晓婧

　　　　　任宪华　　刘汉涛　　闫振华　　李晓云

　　　　　宋　伟　　张云茂　　张文瑞　　张国华

　　　　　张建梅　　张钦书　　张莹莹　　苗吉信

　　　　　林卫卫　　唐少利　　崔　椿　　隋　伟

　　　　　鲁志弘　　路明明　　解　卫

前　言

　　甜樱桃，被誉为"北方春果第一枝"，是设施农业、特色农业、观光采摘的名优树种，是经济效益较好的树种之一。其树势强健，树姿秀丽，结果多，色泽鲜艳，汁多味美，营养丰富，是深受世人喜爱的"果中珍品"，也是观光旅游采摘的"宝石水果"。

　　近年来，我国甜樱桃生产发展迅速，栽培面积不断扩大，同时也出现了先进管理技术与生产发展严重脱节的不良生产现状。人们普遍认为种植甜樱桃投资少，收入高，市场潜力大，管理简单，省工、省力、省心，因此，对栽培甜樱桃产生了一系列认识和管理上的误区。由于先进的管理技术和投入不到位，常常出现花芽分化不良，只开花不结果，坐果少，落果多，果实畸形、裂果，产量不高，效益不好，加之树体流胶削弱树势，病虫危害枝干，果树逐渐枯死，特别是春季"倒春寒"后发生冻芽、冻花、冻幼果现象，再加上实施抗灾减灾措施不力，严重影响了甜樱桃的生产发展。

　　针对以上问题，编者在积累大量资料和广泛征求果农意见的基础上，结合多年的甜樱桃栽培实践经验，系统分析了甜樱桃栽培误区，从健身栽培出发，以树为本，以专题形式从土壤管理到树体管理、从花果管理到病虫防治，集中解决甜樱桃生长发育中的"二十怕"，编写了本书。

　　本书内容简要实用，文字通俗易懂，科学准确，可操作性强，让果农一看就懂，一学就会，便于记忆、推广、普及，真正给果农带来效益和实惠。

在本书编写过程中，得到了栖霞市果业发展局李宝忠研究员、烟台市农业科学院果树研究所张福兴研究员和青岛市黄岛区农业局孙培博研究员的大力协助，在此一并感谢！

由于编者水平有限，错误和疏漏之处在所难免，敬请读者不吝指正。

编　者

2015 年 9 月

目　录

第一章 概 述

甜樱桃，又称西洋樱桃、欧洲甜樱桃，在我国俗称大樱桃。

一、甜樱桃的经济意义

甜樱桃的树势强健，树姿秀丽，结果多，果实个头大，色泽鲜艳，晶莹亮丽，玲珑可爱，汁多味美，肉质细腻嫩脆，营养丰富全面，是深受世人喜爱的水果佳品。在美国，人们称甜樱桃为"宝石水果"，在我国，被誉为"果中珍品"。

甜樱桃果实，外观色相之美，内在品质之佳，营养价值之高，在现有大量栽培的果品中是独一无二的（表 1-1）。从表1-1可以看出，甜樱桃果实中各种营养物质的含量都远远高于苹果等果种，其营养物质丰富、全面、均衡。经分析，甜樱桃果肉中含有大量的维生素、苹果酸和少量的柠檬酸、酒石酸与琥珀酸，胡萝卜素为苹果含量的 2.7 倍，维生素 C 在每百克果肉中含 10～15 毫克，约为苹果、梨和桃的 3 倍。

表 1-1 甜樱桃与几种主要果树果实营养成分

（每百克果实可食部分鲜果中含量）

树种	水分 （克）	蛋白质 （克）	糖类 （克）	钙 （毫克）	磷 （毫克）	铁 （毫克）	脂质 （克）
甜樱桃	80	1.6	17.1	29	29	1.4	0.3～0.5
苹果	86.9	0.3	11.5	22	7	1	0.2
桃	87.5	0.8	10.7	8	20	1.2	0.1
葡萄	87.5	0.4	8.7	4	7	0.8	0.6

甜樱桃果实营养丰富，性温味甘，还具有调中益脾、调气活血、平肝祛热、祛风除湿的药理功效。据现代医学研究，甜樱桃果实含有丰富的铁，可为人体补充铁元素，促进血红蛋白的再生，既可防治缺铁性贫血，又可增强体质、健脑益智。另外，常用樱桃汁涂抹面部，可使面部皮肤红润嫩白、去皱消斑，从而达到良好的美容保健作用。

甜樱桃果实发育期短，在果实发育期的果园管理上打药少，甚至不打药，因此果实很少被污染，是合格的自然生长的绿色食品。果实成熟后，红似玛瑙，黄似凝脂，璀璨晶莹，玲珑诱人，从树上采下来，即可放心食用，其他水果与其无法比拟。

甜樱桃开花早、成熟早、上市早。春天鲜果正值淡季时，樱桃首先上市，被人们誉为"北方春果第一枝"，对满足人们的生活需要有着独特的作用，老少皆宜，人见人爱。并且由于储运性能较好，经济效益高，因此是世界上许多国家竞相发展的高效果树树种，也是园林绿化、庭院经济的良好树种。在美国，农民称甜樱桃种植业为"黄金种植业"；在我国，甜樱桃适应性强，好管理，是目前落叶果树中单位面积经济效益最高的树种，根据管理水平甜樱桃亩①产经济收益在 1 万～4 万元人民币。如果采用保护地促成栽培，其收入将成倍增长，经济效益极高。

二、世界甜樱桃生产现状

目前，世界上有 60 多个国家和地区进行甜樱桃的种植和生产。主要生产国和地区有北美洲的美国、加拿大、墨西哥，欧洲的法国、意大利、德国、西班牙、罗马尼亚、波兰、保加利亚、匈牙利、奥地利、斯洛伐克、乌克兰，亚洲的土耳其、

---

① 亩为非法定计量单位，1 亩＝1/15 公顷≈667 米²。——编者注

伊朗、黎巴嫩、叙利亚、以色列、中国、韩国、日本，以及南美洲的智利、阿根廷，大洋洲的澳大利亚、新西兰和非洲的南非等国家。据联合国粮食与农业组织（FAO）统计，世界甜樱桃种植面积为 546 万亩，总产量为 180 万吨左右；栽培面积25 万亩以上的国家有中国、德国、美国、西班牙、意大利、伊朗、土耳其、乌克兰，年产量在 10 万吨以上的国家有中国、美国、德国、法国、意大利、乌克兰、土耳其和伊朗。

　　世界上甜樱桃平均亩产 330 千克。其中斯洛伐克是世界上甜樱桃平均亩产最高的国家，平均亩产达到 2 863 千克；黎巴嫩甜樱桃平均亩产 1 000 千克，列世界第二位。美国是世界上甜樱桃生产的先进国家之一，甜樱桃栽培总面积 35 万多亩，年产量 20 万吨，平均亩产 571 千克，其中华盛顿州栽培面积达到 10 万亩以上，年产量近 8 万吨。近些年来，美国甜樱桃栽培技术革新较快，选用世界上早实性好、自花授粉结实的硬肉型品种，采用矮化密植栽培代替原先的乔化稀植栽培模式，平均亩产 1 000～1 500 千克，管理较好的果园亩产高达1 500～2 100 千克。

　　在南半球的澳大利亚和新西兰，利用季节的差别，近十几年来也在大力扩种甜樱桃，以补充供应北半球从圣诞节至中国春节的鲜果市场，果农得到了每千克 9.6 美元的高回报，他们的产品于中国春节在广东市场每箱（5 千克）批发价高达 400元人民币。

三、我国甜樱桃生产状况

　　我国自 19 世纪 70 年代开始引种栽培甜樱桃，现已有 140余年的历史。但由于种种原因，发展一直滞缓。改革开放以前，甜樱桃栽培范围仅限于山东半岛、辽宁大连、河北昌黎等沿海地区，发展速度也较慢。以引入最早的山东烟台为例，直到 1977 年，全市栽培面积还不足 2 000 亩，产量也仅有 550

吨。改革开放以后，特别是近 20 年以来，因国内甜樱桃价格一直居高不下，每千克价格 15～40 元，在一些早熟地区的价格还要高，而保护地栽培的甜樱桃卖价为 70～100 元/千克，甚至更高。甜樱桃生产带来了高额的经济收入，这大大地刺激了农民自主发展甜樱桃生产的积极性，发展速度较快，栽培面积迅速增加。根据政府有关部门调查估计，我国现有甜樱桃栽培面积在 60 万亩以上，主要分布在山东（烟台 30 万亩，泰安 4.5 万亩，沂源 2 万亩，以及青岛、威海、济南、日照、淄博、潍坊、枣庄、临沂、聊城等地）、辽宁大连（20 万亩）、北京（3 万亩）、陕西（5 万亩）、河南郑州（1 万亩）。另外，陕西、山西、甘肃、新疆、四川、江苏、安徽、浙江、湖北、云南、贵州等地也在引种和栽培。

　　山东烟台是国内引种甜樱桃最早的地方，由于生态条件适宜，群众基础好，改革开放后政府大力支持，因此，甜樱桃发展速度最快，栽培面积最大，产量最多，管理技术也先进，面积和产量均占全国的一半，全市各县区均有大面积的栽培。作为果品产业的"烟台甜樱桃"已成为继"烟台苹果"之后的第二大水果产业。"烟台甜樱桃"已成为闻名遐迩的地方名牌而畅销国内外。

四、我国甜樱桃生产的发展潜力

　　就目前的种植面积和总产量来说，我国的甜樱桃生产已进入世界的前列，但综合分析我国的甜樱桃产业状况，与世界甜樱桃生产发达国家相比，在单位面积产量和果品质量方面，还有一定差距。以种植面积来说，我国现有甜樱桃面积 60 余万亩，世界第一，但是据专家分析，我国甜樱桃发展到 150 万亩，并且全部进入结果期，产量方接近现在的世界平均水平。因此，在我国部分地区因地制宜地加速甜樱桃的发展，增加平均亩产，提高农民经济收入，加快致富步伐，对实现小康很有帮助。

国外甜樱桃生产最大的制约因素是缺乏劳动力。而作为园艺产品的甜樱桃生产，是典型的劳动密集型产业，需要大量人工手工操作。目前甜樱桃主产国多为发达国家，劳动力缺乏，用工价格高，导致生产成本高。美国主要雇用墨西哥人在果园劳作，采收甜樱桃的费用每亩折合人民币 3 650 元，德国每采收 1 千克甜樱桃工资需 0.8～0.9 马克（折合人民币 3.1～3.5元），这就大大增加了甜樱桃的生产成本，因此，果品价格也就必然居高不下，从而限制了市场开发。近几年来，世界上甜樱桃主产国种植面积基本没有增加，并且产量有所下降，就是由于种植甜樱桃的高额劳动用工所致。如日本甜樱桃种植业近几年来一直处于萎缩状态，原因就在于此。而我国人口众多，劳动力资源丰富，用工价格相对较低，在甜樱桃的生产管理过程中劳作用工费用也就相对减少，这就大大降低了甜樱桃的生产成本，从而在国际贸易中具有明显的价格优势。因此，只要我们保持清醒的认识，合理地利用现有资源，努力发掘生产潜力，切实保证甜樱桃的栽培面积、产量和栽培管理技术水平进一步提高，必将大大提升我国甜樱桃在国际市场上的竞争力，从而实现我国从甜樱桃生产大国向甜樱桃生产强国迈进。

我国甜樱桃生产起步较晚，在发展生产中，由于受落后生产观念的限制、传统栽培技术的制约和不良气候等因素的影响，甜樱桃的单位面积平均产量一直较低，与发达的甜樱桃生产国相比差距较大，因此要赶超世界先进国家，必须从提高单位面积产量上下功夫。可喜的是，在这十几年的迅速发展过程中，随着甜樱桃科技管理的进步，全国各地也涌现出了一批丰产优质高效的生产典型。例如山东省临朐县月庄村创造了八年生红灯、先锋大面积（100 亩）亩产 2 000 千克以上，小面积亩产 3 000 千克以上的丰产优质样板园；烟台福山区杜家崖村创造了亩产 3 000 千克的大树样板园；烟台莱山区界牌村黄世海的美早、先锋五年生树亩产 750～1 000 千克的幼树丰产典型；中国农业科学院郑州果树研究所甜樱桃课题组指导创造了河南新郑四年生甜樱桃丰产园。他们的成功经验无疑为我国甜樱桃的发展积累了丰富的生产经验和较高水平的生产管理技术，只要我们坚持科学发展观，适地植树栽培，良种、良法配套，不久的将来，甜樱桃将会发挥巨大的经济潜力，使果农致富。

在甜樱桃的生产质量上，我国和发达的甜樱桃生产国的差距也是很大的。例如，美国出口的甜樱桃平均单果重 9 克以上，充分成熟，色泽暗红色或紫红色，果肉较硬，货价期较长。而这个标准在我国目前较难达到，分析原因：其一是目前我国的甜樱桃生产量较少，还不能满足国内市场的需求，出口量很少，再加上受国人消费水平的限制，所以甜樱桃生产者都以追求产量为重点，一般在生产中都不考虑如何提高产品质量问题，因此导致甜樱桃的质量较差；其二是管理技术粗放、落后，不能实现标准化管理；其三是舍不得投入，多是自然生长，树势较弱；其四是品种参差不齐，商品性差或者树体老化，难以生产出个大质优的甜樱桃。因此，只有转变生产观念，提高果农质量意识，以名、优、特、新品种为前提，实行标准化生产，促成栽培，增加果园生产投入，加快甜樱桃出口流通体系建设，努力开拓国际市场，提高果品质量的问题就可以得到有效解决。

五、当前甜樱桃生产中的问题与对策

当前我国甜樱桃生产中的最大问题是产量较低。编者走访了许多果农，调查了许多果园的管理状况，究其原因主要是果农对种植甜樱桃认识上的偏差，导致栽培管理上的失误所致。也就是说，果农发展甜樱桃的主要原因是因为管理投入少，栽培管理简单，省心、省力、省工，但经济收益高。在这种思想认识的支配下，从建园开始就不像管理苹果那样用心，在管理甜樱桃园的过程中，不重视科技，随便管园、投入不足、管理粗放、病虫害防治无力，早期落叶发生严重，光照条件恶化，果园严重郁闭，自然灾害预防不力，果树自然生长发育，这样的生产管理模式注定难以获得理想的生产效果，直接影响甜樱桃的产量和质量。因此，要获得甜樱桃的丰产、优质、高效，必须端正生产认识，充分了解甜樱桃的生长发育特点，因地制宜，合理密植，从土肥水管理、病虫害防治、花果管理、修剪管理等各方面，综合提高果园的科技投入和物资投入水平，标准化管理甜樱桃园。只有这样，才能挖掘出甜樱桃的高效生产特点和潜力，达到高产、优质、稳定的目的。

第二章 甜樱桃主要栽培要求及 生长发育特性

一、甜樱桃对气温条件的要求

甜樱桃喜温而不耐寒，适于生长在年平均气温 7～12℃ 的地区栽培，一年中，要求日平均气温高于 10℃ 的时间在 150～200 天，冬季的绝对低温，往往是甜樱桃分布的极限。冬季最低气温降至 −16℃ 以下，持续时间 2 天以上，就会发生不同程度的冻害。降至 −20℃ 时会发生大枝被冻纵裂和树体严重流胶现象。降至 −25℃ 时会造成大量死树。冬去春来，天气由寒变暖，气温变化剧烈，因甜樱桃开花早，最易遭受以"倒春寒"为主的自然灾害的侵害，而造成大量减产甚至绝产。气温剧烈变化的春季晚霜冻害已成为目前甜樱桃生产上的最大障碍之一。因此，为了确保丰产、丰收，生产经营者必须从甜樱桃园地选择、土壤健康、肥水管理、树体管理以及花期前后各项管理措施等综合考虑，做好甜樱桃春季晚霜冻害的预防工作。

二、甜樱桃对光照条件的需求

甜樱桃喜光性强，对光照条件的要求比苹果、梨高。光照充足，树体长势健壮，结果枝连续结果能力强，叶片大、厚、绿、亮，光合能力强，花芽饱满，结果率高，果实个大、色艳、光亮、含糖量高，品质好；光照差时，树势易虚旺衰弱，树冠外围枝梢易徒长，冠内枝条细弱，短果枝寿命短，易衰弱死亡，叶片大而薄，光合能力弱，花芽瘦弱，结果率低，果实个头小、果色淡而无光，成熟晚，品质差。因此，必须通过合理的修剪管理，以保证甜樱桃园的群体、个体都具有良好的通风透光条件，才能使甜樱桃生长结果良好，品质上乘。

三、甜樱桃对水分条件的要求

甜樱桃耐旱但不抗旱，喜水但不耐湿，对土壤水分状况反应很敏感。适宜栽培在年降水量 600～800 毫米的地区。在生长季节，当土壤含水量下降到 10% 时，地上不停止生长；下降到 7% 时叶片变黄，更严重时，引起果实早黄、落果以致大量减产。在果实开始上色后，如果遇到降雨，又极易引起果实裂口，尤其是在前期干旱的情况下，往往造成果实裂口而失去商品价值。当土壤含水量过多，尤其是在雨季降水过多时，果园排水不良，就极易造成园区积水，发生涝害，轻者叶片变黄、脱落，重者造成园内整株甚至成片果树死亡。因此，必须及时做好果园的水分管理，以保持果园土壤适宜的含水量，严防果园土壤忽干忽涝。

四、甜樱桃对土壤条件的要求

土壤是樱桃树生长的基础，根系不断地从土壤中吸收养分、水分和空气，供给生长发育需要。甜樱桃根系呼吸强度大，要求土壤含氧量高；耐盐能力差，土壤中含盐量超过 0.1%，则树体生长发育不良；耐酸能力弱，适宜土壤反应的 pH 为 6.0～7.5。因此，甜樱桃最适于在土层深厚、土质疏松、透气性好、保水能力较强的沙壤土、壤质沙土或砾质壤土且土壤反应为微酸性和中性的土地上栽培。在盐碱或酸性地上栽培不易成功。在黏土地上栽培，黏土土质黏重紧密，通气性差，对甜樱桃的根系生长发育不利，应先进行土壤改良，然后进行栽植建园。在土壤已酸化的土地上建园，也必须先调酸改良后栽培定植。栽培中必须不断地创造根系生长发育的适宜生长环境，保证甜樱桃正常生长结果，并且在建园中，因地制宜，合理布局，经济利用土地，充分发挥各项设施的效益，保证甜樱桃高产、稳产、优质。

五、甜樱桃的营养特性及要求

甜樱桃的生长发育节奏性很强。发芽、开花、展叶、抽梢、结果等器官建造阶段性明显，且均发生在年生长发育周期的前半期。花芽分化也仅在果实采收后的1~2个月范围之内。这就说明了生长前期充足的营养供应水平是甜樱桃丰产优质的关键。根据果树多年生命周期的长期性和经济效益的连续性特点，前期的营养供应首先来源于树体内的储藏营养，其次是生长前期根系及时吸收的营养和叶片制造的营养。因此，生产管理中首先利用秋季发根高峰的有利时机，做好秋施基肥，提高土壤供肥能力，让果树秋季吃饱，以提高树体储藏营养水平。来年春夏及时做好花前、花后、果实膨大期和果实采收后的几次地下和叶面追肥，并结合浇水冲施水溶性肥让果树确保营养的持续供应，从而促进根系、新梢、叶片、花芽、果实等器官的良好建造。

由于甜樱桃的生长发育较其他果树迅速，因此，人们普遍认为甜樱桃需肥量不大，在栽培管理中对甜樱桃园的投肥量较少。经过大量的科学验证，甜樱桃对肥料要求量不亚于苹果树，在某种程度上它对有些元素，例如钾、钙、硼等的需求量远远超过苹果树。因此，综合考虑甜樱桃生长发育特点，采用控氮，稳磷、钾，增钙、镁、硼、锌等的科学施肥配方，加大果园投入，提高树体营养水平，是改变当前生产现状、实现优质丰产的有效措施之一。

施肥可以不断地补充甜樱桃生长发育所需的营养，并调节营养元素之间的平衡。在土、肥、水、气、热、微生物六大要素中，肥发挥着主导作用，其还有调水、改土、增热的效能。

六、甜樱桃根系生长发育特性及要求

甜樱桃根系呼吸强度大，要求土壤中含氧量高。而土壤越是深层，含氧量越低，这就决定了甜樱桃根系不同于苹果、梨等果树。甜樱桃根系在土壤中分布较浅，一般分布在 10～40 厘米的土层内。

土壤条件和管理水平对根系的生长和结构影响很大。活土层较深、土壤透气性好及管理水平较高时，根量大、分布范围广，垂直分布也较深，达到 60 厘米以上。因此，加强深翻扩穴、改良土壤、增施有机肥、及时松土、防止土壤板结、雨后及时排涝、防止土壤积水等一切有利于提高土壤通气性的措施，都有利于促进根系的生长发育。

七、甜樱桃的芽生长发育特性及要求

甜樱桃的芽按其性质特性可分为叶芽和花芽两类。

1. 叶芽　芽体瘦长，呈尖圆锥形。一年生枝的顶芽都是叶芽。侧生芽有的是叶芽，有的是花芽。叶芽萌芽率很高，除枝条基部几个发育不良的芽外，几乎全部萌发，形成大量花束状果枝，成花结果。叶芽的主要作用是扩大树冠和增加结果部位。也有少数不能萌发的基部侧芽转变成"隐芽"，可以隐蔽生活 10～20 年，是大樱桃树冠更新的基础。

2. 花芽　芽体饱满，呈卵圆形。花芽为纯花芽，只能开花结果，不能抽枝长叶。每个花芽能开 1～5 朵花，多数为2～3 朵花。花芽开花结果后，原着生部位光秃，结果部位外移。

花芽分化时间较为集中在果实采收后的 1～2 个月内。在花芽分化期，树体营养水平高时，形成的花芽饱满、质好。如果此期树体营养水平过低或者营养过剩时，易形成较多的只开花不能结果的无效花。如果花芽分化期气温过高且干旱，易诱生多柱头花，在开花结果后形成"双仔果"或

"三仔果"，严重影响果实的商品性能。因此，采果后施好"月子肥"和适量的地下追肥及叶面喷肥，结合浇水冲施水溶肥可提高树体的营养水平，是提高花芽分化质量的主要措施。

八、甜樱桃果枝类型及功能

甜樱桃树体上的一年生枝，按其性质和长短不同可分为营养枝、混合枝、长果枝、中果枝、短果枝和花束状果枝 6 种类型。

1. 营养枝 营养枝上没有花芽只有叶芽，主要作用是形成树冠骨架和增加结果枝数量。幼旺树营养枝发生量多，生长量大，可达到 60 厘米以上。如果幼树期营养枝发生量少，且生长较短，则严重影响树体骨架建造和树冠扩大。营养枝萌芽率高，其上的侧生芽大多都能萌发形成叶丛枝。营养枝成枝力也较强，不管短截或缓放，其前部一般能抽生出 3~5 个甚至更多的长枝，形成所谓的"三杈枝""四杈枝""五杈枝"，由于受极性的影响，前端生长旺盛，生长拉力过大，往往造成叶丛枝发育不良。因此，控制前端多头旺枝，拉枝开角，缓前养后，促进叶丛枝健壮发育，这是幼树早果丰产的主要措施。

随着树龄的加大，结果量逐渐增加，树体抽生营养枝的能力越来越弱，大量结果后，营养枝生长量在 30 厘米以上时，表明树势较强旺；生长量 20 厘米左右，表明树势中庸；生长量 10 厘米以下表明树势偏弱。

营养枝的生长发育状况与土、肥、水管理水平有密切关系，土壤肥沃、营养充足、水分供应良好的条件下，营养枝成枝力强，生长量大。

2. 混合枝 混合枝具有生长、结果和形成新果枝的作用，长度 20 厘米以上，枝条基部几个侧芽为花芽，中上部的侧芽都为叶芽。混合枝上的花芽发育质量一般较差，开花后结果率低，果实成熟晚，质量也不高。

3. 长果枝　长果枝长度为 15～20 厘米，顶芽和前端几个芽为叶芽，其余的侧芽全部为花芽。开花结果后，枝条的中下部光秃，结果部位外移。长果枝结出的果实个大、品质好，但结果能力不高，一般不是树体上的主要果枝类型。

4. 中果枝　中果枝长度为 5～15 厘米，顶芽为叶芽，侧芽全部是花芽。中果枝在树体上数量不多，不是主要的结果枝类型。

5. 短果枝　短果枝长度在 5 厘米以下，顶芽为叶芽，侧芽全部是花芽。短果枝在树体上数量较多，其上的花芽饱满，开花后结果率高，果品质量好。短果枝是树体上主要的结果枝类型。

6. 花束状果枝　花束状果枝长度在 1 厘米左右，顶芽为叶芽，侧芽全部是花芽并密挤簇生。花束状果枝在树体上数量大，寿命长，其上的花芽数量多，充实饱满，开花后坐果率高，果品质量好。花束状果枝是高产稳产树上最主要的果枝类型。

花束状果枝在果园管理水平高、树体健壮的情况下，寿命较长，可达 10 年以上。在果园管理水平低，树体发育不良，树冠上强下弱、外强内弱，大枝密挤，枝条丛生，通风透光差的情况下，内膛及树冠中下部的花束状果枝极易枯死，致使树枝光秃，结果部位外移，严重影响树体的丰产优质结果能力。这个问题在生产中必须引起管理者的高度重视。

九、甜樱桃授粉结实特性

甜樱桃除拉宾斯、斯坦拉、斯塔克艳红、艳阳等少数品种有较高的自花结果率外，绝大部分品种都明显地表现自花不实。甜樱桃品种间授粉的亲和性也有极大不同，国外根据品种间授粉的不亲和性分为 7 组，组内品种间授粉基本不结实，组间各品种间授粉则有亲和性而结实。

第一组：那翁、宾库、紫樱桃、法兰西皇帝等。但法兰西皇帝对紫樱桃授粉可以结实。

第二组：日之出 1 号、高砂、卡普曼、土耳其、青心等。但土耳其、青心对其他 3 个品种授粉可以结实。

第三组：大紫、佳宝丽、前进、早河等。

第四组：若紫、深紫。

第五组：黄玉、温克莱、克洛里司、斯塔克金、佐藤锦等。

第六组：森托尼尔、莱威林。

第七组：布班克、丰收。

因此，栽培甜樱桃时，一般应有 3 个品种以上建园，且应注意品种搭配（表 2-1）

表 2-1　甜樱桃品种授粉搭配组合

主栽品种	适宜授粉品种
红灯	那翁、红蜜、宾库、大紫、巨红
大紫	高砂、红丰、那翁、宾库、先锋
那翁	大紫、晚红、雷尼、先锋、黄玉
芝罘红	高砂、大紫、那翁、宾库、红灯、红丰
雷尼	那翁、宾库、兰伯特、红艳、斯坦拉
红蜜	红砂、最上锦
最上锦	高砂、红蜜、红艳、红灯
红艳	红砂、红蜜、最上锦
黄玉	那翁

十、甜樱桃果实发育特性

甜樱桃果实发育期较短，且从谢花至果实成熟发育时间长短不一。早熟品种只有 30～40 天，中熟品种 40～50 天，晚熟品种 50～60 天。整个果实发育过程可明显地分为 3 个阶段。

第一阶段为第一速长期，从谢花至硬核前，历时 10～15 天。此期主要特点为幼果迅速膨大，果实迅速增至成熟时果实的大小，胚乳迅速发育。第二阶段为硬核期，历时 10 天左右。此期主要特点为果实增长缓慢，果核木质化，胚发育成熟，胚乳逐渐被胚的发育吸收消耗。在这一阶段，如果营养和水分失调，就会导致胚的发育受阻，果核不能硬化，果实大多会变黄、萎蔫、脱落。第三阶段为果实第二速长期，从果实硬核后至果实成熟，历时 15 天左右。此期主要特点为果实迅速膨大，果实逐渐褪绿而变白，并着色，果肉中可溶性固形物含量逐渐增加。在这一阶段，营养和水分失调，就会导致果实膨大速度慢、果个小。如果在果实开始上色后降雨，尤其在受旱后突然降雨，往往造成裂果而失去商品性能。因此，在甜樱桃果实发育期，分期冲施水溶肥和中微量元素肥料，确保养分充足、及时的供应和水分平稳适当的供应，对甜樱桃果实正常发育至关重要。

十一、甜樱桃树体上伤口愈合特性

甜樱桃树体上的伤口愈合能力较弱，愈合时间长。没有愈合或愈合不好的伤口极易分泌树胶而削弱树势。因此，修剪时要尽量避免出现大伤口。在幼树整形时要注意科学地安排骨干枝。如果必须疏大枝，应在采果后进行，并注意做好伤口的保护措施。

十二、甜樱桃木质部组织特性

甜樱桃木质部组织松软，导管较粗大，休眠期修剪过早，剪锯口易失水干枯，影响剪锯口芽、枝的生长。因此，甜樱桃修剪最好在树液流动后萌芽前进行。

十三、甜樱桃树体上溢泌树胶（流胶）特性

甜樱桃树体上只要有伤口，就会从伤口处溢泌树胶。这些

伤口有人为造成的（如剪锯伤口，管理中无意的机械损伤伤口），有自然环境造成的（如冻害、日灼），有外界生物造成的（如病害、虫害），还有树体自身造成的（如夹皮枝伤口）。因此，为了预防伤口流胶，应加强果园综合管理，健壮树势，同时努力减少造成树体上伤口的数量，并对伤口做好保护措施。

第三章 走出甜樱桃栽培误区，
解决甜樱桃生长发育
中的"二十怕"

　　编者和许多栽植过甜樱桃的人讨论过"樱桃好吃树难栽"这句话，人们普遍认为：樱桃确实好吃，而且树姿优美，在宅旁、庭院栽上几棵樱桃树，开花结果，既美化环境，结的果实又可以吃，何乐而不为。如果栽棵果实大一点的甜樱桃，那就更加好了。但栽上树，长大后，只开花不结果，使人们大失所望，最后或因枝干害虫危害致树死亡，或因枝干流胶树体逐渐衰弱导致枯死，等等。因此，也就有了"樱桃好吃树难栽"这一说法。

　　由于甜樱桃目前的单位价值及经济效益较高，在发展农村经济方面，各地相应地加快了农业结构的调整，一些较适合栽培甜樱桃的区域，新建了一大批甜樱桃种植园区，条件成熟的地区还大力推广发展了日光温室、大棚等促成栽培模式。编者和许多果农讨论过对甜樱桃的生产管理问题，许多果农一致反映"樱桃好吃树难管"。由于受气候多变的影响，果农栽培甜樱桃一怕坐果少，二怕树流胶，三怕"倒春寒"，四怕成熟期降雨后裂果。果农为了生产效益把"树难栽"变成了"树难管"，我们认为这是一个进步。确实，坐果不好，产量不高，效益就不好；树体流胶，削弱树势，甚至造成果树逐渐枯死；春季"倒春寒"，造成冻芽、冻花、冻幼果，严重影响开花坐果和幼果发育，甚至造成绝产绝收；成熟期降雨，造成将要成熟待采收的果实裂果，使果实丧失商品性能。但果农生产为了效益，而以上"四怕"又都是效益提高的制约因素，所以果农很"怕"，因此也就有了"樱桃好吃树难管"之说。从另一方面来讲，冬季没有低温冻害，花期没有晚霜或"倒春寒"，近成熟期没有降雨，果园收入就一定能高吗？事实证明，也不见得。例如，2010年末没有低温冻害，2011年春季气候条件也不错，果树开花坐果很好，许多果农认为这下可放心了，预示着2011年是个丰收年。但是由于当年甜樱桃开花多，坐果多，使树体营养消耗过度，再加上果实发育期又发生了严重的干旱，在管理中没有及时补充灌溉和营养，致使许多果园果实个小，甜度低，风味淡，品质差，虽产量高，但质量不好，价格也低，甚至无人问津。这样的丰产、高产又有什么生产意义呢？

综上所述，要使甜樱桃达到丰产、优质、高效的生产目的，果农在生产管理中只有一个"怕"字，怕这怕那，对发展生产是没有用的，关键是如何去应对、去解决影响甜樱桃优质丰产过程中的各种不利因素。

一是应该解决对栽培甜樱桃的认识问题，更正认识偏差。农民为什么要种植甜樱桃，是因为种植甜樱桃投资少，收入高，一年收入只干半年的活，管理简单，省工、省力、省心。因此，从栽上甜樱桃那时起，甜樱桃就落在"后娘"手里，没有像对苹果、梨那样管理上心。

二是要管好甜樱桃，必须熟悉甜樱桃的生长发育特性，分清其与苹果管理的不同点。也就是说，苹果栽培早，面积大，许多果农都积累了丰富的管理经验，管理苹果轻车熟路，如果对甜樱桃的管理还是按照管理苹果的办法，这在管理技术上是行不通的，因此就出现了许多管理误区。

三是要管理好甜樱桃，必须解决加大果园投入的问题。也就是说，作为高效水果，甜樱桃更加明显地体现出在果园投入问题上的"帮富不帮穷"特点。因此，在果园管理投入上，必须舍得。只有加强科技、资金、用工等各方面的管理投入，方能显示出甜樱桃高效生产的特点。

四是要管理好甜樱桃，实现优质、丰产、高效，必须明白甜樱桃在生长发育过程中本身怕什么。也就是说，把生产过程中的"人怕"变为甜樱桃生长发育中的"树怕"，这样更有利于管理者去解决影响甜樱桃正常生长发育的各种不利因素，从而实现优质、丰产、高效的生产目的。

那么，甜樱桃在生长发育过程中到底怕什么。根据甜樱桃的生长发育特性，结合十几年来对烟台各种类型甜樱桃园的土、肥、水管理及树体管理状况的田间调查和综合分析，甜樱桃在生长发育过程中有"二十怕"。即为：一怕土壤酸化，二怕土壤盐渍化，三怕施肥多氮，四怕树体旺长，五怕树势衰弱，六怕土壤黏重，七怕土壤干旱，八怕果园雨涝积水，九怕自然灾害，十怕坐果率太低，十一怕品种单一，十二怕果个太小，十三怕幼果黄落，十四怕雨后裂果，十五怕枝干、根颈腐烂，十六怕短枝枯死，十七怕枝干流胶，十八怕树干害虫，十九怕树冠郁闭，二十怕投入太少。以上"二十怕"，均较严重地影响了甜樱桃的健康生长发育，都对果农的优质丰产要求构成较为严重的威胁。所以，必须注意在生产管理过程中通过人为的技术措施给予解决，以确保甜樱桃健壮地生长、发育，从而实现甜樱桃的优质、丰产、高效。

一、怕土壤酸化

1. 甜樱桃生长发育中对土壤反应的要求　甜樱桃生长发育环境中对土壤反应要求土壤 pH 6.0～7.5，为微酸至微碱性土壤，最适宜的土壤反应 pH 为 6.5～7.0。

2. 当前甜樱桃园土壤反应状况　根据大量的田间调查，当前许多甜樱桃园的土壤反应 pH 为 5～6，同时还发现土壤 pH 小于 5 的也大有园在。因此，可以说，当前甜樱桃园的土壤反应确定为土壤酸化趋势明显。

3. 土壤酸化对甜樱桃生长发育的影响　土壤酸化对甜樱桃生长发育的影响是比较大的，主要表现如下：

（1）在酸化土壤条件下，土壤中的磷（P_2O_5）易发生磷酸化而形成难溶解的磷酸盐，降低了磷的有效性。

（2）在酸性土壤条件下，由于盐基交换作用、降水或者大量浇水，土壤胶体吸附的交换性钾（K^+）、钙（Ca^{2+}）、镁（Mg^{2+}）等，大多数被氢离子（H^+）所代替。这些被换出的钾离子、钙离子、镁离子会大量流失，土壤对钾、钙、镁的可给态减少，使根系吸收发生困难。

（3）在酸性土壤条件下，或者大量浇水，造成硫（SO_4^{2-}）、硼（HBO_3^-、$H_2BO_2^-$）、锌（Zn^{2+}）的淋溶损失和钼（MoO_4^{2-}）在土壤中与一些金属离子化合沉淀而被固定，使硫、硼、锌、钼的有效性降低。

（4）土壤酸化直接影响土壤微生物的活动，从而影响土壤中有机物的分解、生物固氮、硝化、解磷、解钾、硫化等生物作用，使土壤中的物质转化、吸收、利用受到抑制。

（5）土壤酸化（pH<5）条件下，导致土壤中铝、锰的活性急剧增加，有效性提高，易对果树造成毒害，尤其是活性铝的增加，对果树的毒害更强。当每百克土壤中有几毫克活性铝时，多数果树不能正常生长，甜樱桃更是如此。

总之，土壤酸化可导致土壤中多种营养元素的可给态减少和有效性降低，难以满足甜樱桃正常生长发育对营养的需求，易使甜樱桃诱发各种生长障碍和生理病害，如根系不发达、生长迟缓、树体矮小虚弱、叶片小、新梢细弱、果个小、光泽差、风味淡等。

4. 甜樱桃园土壤酸化的主要原因

（1）果园多年连续使用氮肥，由于硝化作用，氢离子被释放出来而被土壤胶体吸附，这是土壤酸化的主要原因。

（2）施用酸性或生理酸性肥料，根系吸收营养元素后，在土壤中遗留下大量的酸根，加速了土壤的酸化速度。

（3）大量使用未经发酵腐熟的新鲜有机肥，这些肥料在土壤中发酵产生大量的有机酸，加重了土壤酸化程度。

（4）收获的果实从土壤中移走了碱基元素（如 Ca^{2+}、Mg^{2+} 等），使土壤向酸化方向发展。

（5）降水量过大或大量浇水过频，盐基营养元素被淋溶流失，土壤中的氢离子取代土壤胶体上的金属离子而被土壤所吸附，也将使土壤的酸性增强。

5. 防止土壤酸化的主要措施

（1）努力增施有机肥料。如生物有机肥料、微生物菌肥料、经过发酵腐熟的动物粪便或植物残体、农家肥料等，以便迅速增加土壤有机质含量，培肥地力和提高土壤溶液的缓冲能力。

（2）施肥时，一般情况下尽量不用或少用单质氮肥。

（3）科学选择大量元素复合肥，提倡使用高钾三元复合肥料，并且控制用量。

（4）增施中微量元素肥料，尤其注重钙、镁、硼、锌、硅等的使用，并做到适量使用。

（5）重度酸化(pH<5.5)的果园，必须在秋季或春季用石灰或土壤调酸剂改良后，再进行常规施肥管理，以利于肥效的发挥。

二、怕土壤盐渍化

1. 甜樱桃生长发育土壤环境中对盐类浓度的要求　甜樱桃耐盐能力差，在生长发育中对土壤盐类反应敏感，当土壤中的盐类浓度超过 0.1%，则生长发育不良。

2. 当前甜樱桃园土壤中盐类浓度状况　经过大量的调查研究，当前甜樱桃园土壤还没有出现整个果园土壤盐渍化现象。但是，许多果树根际附近局部土壤中盐类浓度达到 0.1%，甚至超过 0.1%。调查中发现许多果树根际局部土壤常有油渍色泽的潮湿地表，这就是由于大量盐类局部富集所致。因此，可以说当前甜樱桃园局部土壤盐类富集、浓度过高，盐渍化现象比较明显。

3. 土壤中盐类浓度较高对甜樱桃生长发育的影响 甜樱桃园根际周围的土壤盐类富集、浓度过高对甜樱桃的生长发育极为不利。

（1）由根际土壤盐类富集，使土壤溶液的渗透压提高，从而降低了土壤水分的自由能和有效性，使果树根系吸水困难，甚至出现渗透现象，引起树体"生理干旱"，影响果树正常生长发育。

（2）过高的盐分，特别是某些特异离子过量时，可直接毒害果树，从而影响树体的生长发育。如氯离子过多积累，可引起叶片的"氯灼伤"，使叶片边缘焦枯，严重时可造成叶片凋落，小枝条干枯，甚至树体死亡。

（3）过高的盐分可干扰果树对养分的吸收摄取和代谢活动，从而影响生长发育。如土壤中高浓度的钠离子，妨碍果树对钙、镁、钾的吸收；高浓度的钾离子妨碍果树对铁和镁的摄取，结果发生缺镁和铁的褪绿症。

（4）过高的盐分使磷、锌、铁、钙、硼等养分被土壤固定，降低养分的有效性，不易被根系吸收利用，果树因此易发生缺磷、缺钙、缺铁、缺镁、缺硼等营养失调现象，从而发生生理病害，影响果树生长发育。

（5）过高的盐分易造成土壤透水、透气性差和土壤微生物活性降低，极不利于甜樱桃根系的正常生理活动，从而影响树体的健壮生长发育。

总之，土壤中过高的盐类浓度对甜樱桃生长发育的影响是多方面的，从不同方面妨碍樱桃的正常生长发育。如在过高的盐类浓度的土壤中，果树不易生根，发根少，吸收根粗短、栓化快，影响根系对养分的吸收利用；叶片小，光合能力低，叶缘易焦枯，影响光合作用；新梢生长差，短枝衰弱，寿命短，易枯死；花芽瘦弱，无效花多，坐果率低，畸形果多，易发生"柳黄"落果；果个小，风味淡等，最终导致果园樱桃产量低，品质差。

4. 甜樱桃园局部土壤盐渍化现象形成的主要原因

（1）在果园施肥上轻视有机肥的施用，甚至根本就不施有机肥，使土壤有机质的含量逐年降低，且得不到补充，土地越种越瘠薄。

（2）由于化学肥料的增产作用是显而易见的，为了追求高产，在果园管理中盲目地连年大量使用无机化学肥料，使果园土壤中的盐分含量逐年增加，导致在施肥区域盐类浓度逐年提高，从而出现盐渍化现象。

（3）耕作制度不合理，造成地面裸露，加剧了土壤水分的蒸发损失，加速了土壤积盐进度。

5. 防止根际局部土壤盐渍化的主要措施

（1）增施有机肥料，保证土壤养分全面持续地供应，促进土壤理化、生化性质的改善和肥力的提高，为果树根系生长创造良好的土壤环境和根际环境，这是改良和培肥盐渍化土壤的主要措施。该项措施，一可提高土壤通透性和保蓄性，二可减少土壤水分蒸发，三可活化土壤中被固定的一些营养成分，提高土壤的供肥性，四可提高土壤微生物的活性，活化土壤，从而促进根系对养分的吸收利用。

（2）控制少用无机化学肥料。根据土壤营养状况，对无机化学肥料采用大量、中量、微量元素共同补进方法，以协调土壤养分的平衡供应。应注意的是在选择化学肥料时，不宜选用含有氯离子的肥料。

（3）及时合理地进行补充灌溉，严防土壤过度干旱，以防止土壤溶液渗透压增高，确保果树正常的生理活动。

（4）改革耕作制度，实行果园生草、覆草覆盖管理制度。果园生草、覆草可起到增肥、保水、灭草、免耕和改善土壤水、肥、气、热条件，有利于土壤微生物的活动和大量繁殖，促进土壤养分的积累、分解、转化和果树根系的吸收，从而为果树生长发育创造一个良好的土壤生态环境。

三、怕施肥多氮

1. 甜樱桃施肥上的误区　甜樱桃具有树体生长迅速，器官发育阶段明显，枝叶生长和开花结实都集中在生长季的前半期，花芽分化一般在采果后的较短时期内完成的生长发育特点。由于各发育阶段对营养的需求不尽相同，这就突出了秋季、花前、果实发育期和采果后的花芽分化期有针对性地施肥的重要性。秋季基肥以有机肥为主，无机肥配合使用，主要是培肥地力，提供"全素"营养，提高树体储藏营养水平；花前补肥以硼、锌、镁、氮、磷肥为主，主要解决甜樱桃坐果率低及缺素等问题；果实发育期以氮、磷、钾、钙肥为主，主要目的是解决膨大果个、提高产量、改善品质、促进上色、提高表光、增加硬度、防止裂果等；采果后补肥，加大营养供应，以硼、磷、锌、氮肥为主，但氮素不能过量，主要是促进花芽分化、提高花芽质量，防止营养生长过旺影响优质花芽的形成。

但是，在甜樱桃施肥管理上，由于许多果农对甜樱桃的营养特点不够了解，再加上认为甜樱桃管理简单的片面认识，在甜樱桃施肥上误区较多，主要表现如下：

（1）不重视培肥地力，对有机肥的作用认识不足。

（2）不重视树体储藏营养水平的提高，对秋施基肥认识不足。

（3）不重视各发育阶段对营养条件的不同需求，对及时科学地补充养分认识不足。

由于以上认识的偏差，对甜樱桃的施肥管理则以化学肥料为主，盲目施肥，尤其是以氮素为主，偏施氮肥现象严重，并且已成为许多果农的施肥经验。许多人认为氮肥"长""有劲"，多施氮肥可使树势旺、叶片大、果实大、产量高。确实，在缺肥（肥力不足）的果园里，增施氮肥具有显著的增产作用。但随着果园收入的提高，许多果农纷纷加大了果园氮肥投入，却没有收到较好的经济效果，这又是为什么？究其主要原因，还是以化肥当家、以氮为主施肥惹的祸。由于以氮素为主大量使用化肥对甜樱桃树体的健壮生长发育带来许多不良的影响，从而降低了果园优质、丰产的生产能力。

2. 以氮为主施肥对甜樱桃生长发育的不良影响

（1）容易促进树体内蛋白质、叶绿素和其他氮化物的大量合成，使树体徒长，不利于稳定树体长势。多施氮肥，叶片大而薄，叶色墨绿，叶片下披互相遮挡，使树冠通风透光不良，影响光合作用；新梢组织不充实，细长而柔软，侧芽较小；侧芽萌发后形成花束状果枝弱小，寿命短，其上无较大叶片，花芽少而小，坐果率低。

（2）造成营养生长和生殖生长失调，使生殖生长向营养生长转化，不利于生殖生长，不能充分地进行花芽分化，花芽少，花质差，坐果率低，幼果"黄落"严重，影响果园产量的提高。

（3）导致土壤向酸化方向发展，影响磷、钾、钙、镁、铁、硼、锌等元素的吸收，干扰营养元素的平衡供应，对树体健壮生长发育极为不利。

（4）容易造成树冠冠上、冠外新梢旺长，增强生长极性，使树冠上强、外强而发生郁闭现象，使内膛花束状果枝严重衰弱而大量枯死。

（5）树体营养水平低，抗病、抗逆能力差，易患流胶病和根颈腐烂病等。

（6）果实果个小，表光差，色泽不鲜艳，风味清淡，缺乏甜味，熟期也晚，果品质量严重降低，商品性能差。

3. 甜樱桃的科学施肥——配方施肥　科学的配方施肥应着重考虑以下几点：

（1）要做到全方位考虑。根据果树情况（树龄、树势、结果量）、土壤、气候因素分析考虑，基肥、追肥应如何配方，如何配合协调，地下施肥和叶面喷肥如何配合，不同时期的补肥如何配合。

（2）对幼树和初结果树强调施用基肥，对结果大树要做好统筹安排，保证秋季基肥，花前、果实发育期和采果后及时补充追肥，确保养分全面、充足。

（3）甜樱桃喜有机肥，在施基肥时增施有机肥是施肥第一要素。

（4）甜樱桃对氮肥需求小，不是不能施用氮肥，而是怕单一施用氮肥。对氮、磷、钾三要素的使用应做到控氮稳磷增钾。

（5）甜樱桃喜硼、锌、钙、镁等营养元素，在施肥时应注意增施中微量元素肥料，以保证中微量元素的有效供应。

（6）甜樱桃喜水怕旱。在施肥时，如果配合土壤保水蓄肥改土剂混合使用，可使进入到果园土壤中的水分和养分得到较好的保持和蓄存而被充分利用，从而使配方施肥效果更好。

（7）甜樱桃忌氯，果园施肥时，不能选择含有氯离子的化学肥料。

4. 甜樱桃配方施肥实际操作

（1）秋季施肥。

施肥目的：培肥地力，促进根系对养分的吸收与转化，提高树体储藏营养水平，进一步提高花芽发育质量，为来年樱桃的发芽、开花、抽梢、展叶、坐果和幼果发育打下坚实的营养基础。

施肥要求：时间要早、数量要足、养分要全、施肥要深。

施肥时期：8～9月。此期施肥伤根易愈合，易促发新根和根毛，肥料易分解，根系易吸收利用。

施肥部位和深度：树冠外围投影内侧，地面以下 30 厘米左右。

施肥方法：挖放射沟或大穴集中施肥，肥料施入后应与土壤搅拌，然后覆土。

施肥配方：有机肥（大量）＋氮、磷、钾肥（控量）＋中微肥（适量）＋微生物菌剂＋土壤保水剂。

推荐实际操作配方：每亩使用腐熟粪肥要达到斤①果斤肥，天达有机肥 300 千克＋天达复混肥（15-5-20）100 千克＋天达中微量元素肥 10 千克＋天达生物菌肥 50 千克＋北京汉力淼保水蓄肥改土剂 7～10 千克，混合后现混现用。

（2）花前土壤追肥。

施肥目的：迅速补充土壤速效养分，均衡营养供应，促进根系吸收，预防缺素症发生，提高坐果率，促进幼果发育和新梢生长。

施肥配方：钾、磷、氮、硼、锌、钙、镁等营养元素配合。

肥料选择：氨基酸或腐殖酸多元素水溶肥和高钾掺混肥。

推荐实际操作配方：每亩追施天达根喜欢 2 号 2 桶（10千克）＋绿云贝农斯 2 桶（20 千克）。

施肥方法：用施肥枪多点注入地下或挖沟穴（10 厘米以上）施入冠下吸收根集中分布区域的土壤内。施用时，每桶天达根喜欢加水 200～300 千克，稀释后再将贝农斯加入并搅拌均匀后使用或结合浇水冲施。

（3）硬核前土壤追肥。

施肥目的：迅速补充土壤速效养分，促进根系吸收，强化果实快速发育，促进果实膨大，防幼果"黄落"，促进上色，

---

① 斤为非法定计量单位，1 斤＝0.5 千克。——编者注

提高表光，预防裂果，增强硬度。

施肥时期：谢花后至硬核前，即谢花后 15 天前。

施肥配方：硼、锌、钙、镁、钾、磷、氮等营养元素配合。

肥料选择：氨基酸或腐殖酸多元素水溶肥。

推荐实际操作方法：每亩追施天达根喜欢 2 号＋天达根喜欢 1 号各 1 桶。

施肥方法：用施肥枪多点注入或多点挖浅沟穴施入地下，每桶天达根喜欢加水 200～300 千克，稀释后使用或结合浇水冲施，并加入天达膨果肥 1 袋（5 千克）。

（4）采果后土壤追肥，俗称"月子肥"。

施肥目的：迅速补充土壤速效养分，增加土壤营养供应水平，促进根系吸收，尽快弥补果实发育期对土壤养分和树体营养的过度消耗，促进花芽分化和提高花芽发育质量，确保形成优质花芽。

施肥时期：采果后 10 天以内。

施肥配方：氮、磷、钾、硼、锌、钙、镁等营养元素配合。

肥料选择：氨基酸或腐殖酸多元素水溶肥。

推荐实际操作配方：每亩追施天达根喜欢 1 号＋天达根喜欢 2 号各 1 桶＋绿云贝农斯 2 桶。

施肥方法：用施肥抢多点注入或多点挖浅沟穴施入地下，每桶天达根喜欢加水 200～300 千克，稀释后再将贝农斯加入并搅拌均匀后使用或结合浇水冲施，并加入天达健长肥 1 袋（5 千克）。

（5）叶面追肥。

叶面追肥的目的：通过对树体地上部器官直接补充营养，使果树迅速吸收利用，以便快速提升树体营养水平，提高果树抗病、抗逆能力，确保树体组织器官的正常生长发育，从而显著减少或克服生理病害和生理伤害的发生，防冻抗冻，防病抗病，达到提高果品产量和优化品质的生产目的。

叶面追肥对肥料的要求：针对性强，具有独特的生理功能，对树体的营养分配利用协调性强，具有多功能性，使用效果明显，对树体组织器官安全。

叶面追肥主要肥类种类：尿素、磷酸二氢钾、硼肥、锌肥、钙肥、铁肥、镁肥、天达-2116、天达植物能量合剂、天达硼、腐殖酸类叶面肥、氨基酸类叶面肥等。

重点推荐的叶面肥和使用浓度：天达-2116 1 000 倍液，天达植物能量合剂 1 000 倍液、天达硼 2 000 倍液、天达糖醇钙 1 000 倍液、肽神 600 倍液、肽神硼 600 倍液、肽神锌 600 倍液、绿云海之灵 1 000 倍液、尿素 300 倍液、磷酸二氢钾 300 倍液。

叶面追肥的时期：发芽前后、开花前、谢花后、硬核期和采果后。

叶面追肥的方法：对树体进行淋洗式喷液，滴水为止。

5. 叶面追肥各时期对叶面肥的搭配

发芽前后：天达-2116（或天科植物能量合剂）＋尿素＋肽神锌。

开花前：天达-2116（或天科植物能量合剂）＋天达硼（或肽神硼）＋尿素。

谢花后：天达-2116（或天科植物能量合剂）＋天达钙（或肽圣）。

硬核期：天达-2116（或天科植物能量合剂）＋天达钙（或肽圣）。

采果后：天达-2116（或天科植物能量合剂）＋尿素＋磷酸二氢钾＋天达硼。

应注意的是，基肥宜早，追肥要及时，以满足树体各个生育期对肥料的急需，发芽前的叶面肥可按要求使用浓度的一半即可，喷药、喷肥时一定要加天达有机硅，可提高药肥效果。

四、怕树体旺长

1. 甜樱桃优质丰产的树体要求

（1）树体长势中庸、健壮、稳定，外围新梢生长量30厘米左右，枝条充实粗壮，皮色较深，芽体饱满。

（2）短果枝和花束状果枝具有6～8片莲座叶，叶面积中大，叶片厚，叶色深绿，花芽饱满充实，并具有较大的顶叶芽。

（3）全树长势比较均衡，无局部旺长或衰弱的表现。

2. 甜樱桃树体强旺的表现 全树旺条丛生，通风透光条件严重恶化，外围新梢长度多在30厘米以上。树冠内短果枝和花束状果枝细、弱、短、小，其上的莲座叶片数量少，面积小，叶色淡绿，厚度薄。其上的花芽数量少，芽体也小。

3. 甜樱桃树体强旺对生长发育的不良影响

（1）造成树冠郁闭，使通风透光条件恶化，年复一年，只看到长树、长枝、长叶，却看不到果树大量结果。

（2）树体生长两极分化严重，极不利于生殖生长，只见外围零星结果，不见内膛大量结果。

（3）造成短果枝和花束状果枝生长发育不良，枝条细、短、小，其上叶片面积小，叶片薄，叶色淡、无光泽，光合效率严重降低。

（4）造成树冠内膛短果枝和花束状果枝大量干枯死亡，使枝干光秃而出现"空膛"现象，结果部位迅速外移而表面结果，失去高产、丰产能力。

（5）造成树体营养分配失调，营养生长过强，生殖生长过弱，不利于花芽分化，花芽质量差，开花坐果率低，落花落果严重，难以实现丰产、稳产。

（6）影响果实的生长发育，不但结果少、产量低，而且新结的果实表现果个小、无光泽、不鲜艳、含糖量低、风味淡、口感差，果实商品性能降低。

4. 导致甜樱桃树体强旺的原因

（1）果园施肥不当。施肥以化肥当家，尤其是氮肥为主，导致树体营养生长过强。

（2）修剪技术不当。修剪中短截过多，回缩过多，从而刺激生长，骨干枝角度直立，生长极性过强，导致营养生长过强。

（3）树体结构不合理。大枝密生拥挤，冠内光照条件严重恶化，两极分化严重，导致树体外强、上强而旺长。

（4）结果过少。生殖生长和营养生长失调，营养生长占主导地位而使树体旺长。

（5）土壤湿度过大。在一些果园，土壤虽然不涝，但是长期湿度过高，导致营养生长过强，而使树体生长强旺。

（6）土壤黏重。有些果园建在黏重土壤上，由于土壤黏重，通气不良，吸收根生长受阻，粗壮的较大根生长发达，导致营养生长强于生殖生长，而使树体旺长。

5. 甜樱桃树体强旺的校正措施

（1）科学施肥。培肥地力，增施有机肥，以有机肥为主，无机化学肥料为辅。避免单一使用氮素化肥，大量元素氮、磷、钾的使用做到控氮稳磷增钾，同时适量补充中微量营养元素，以保证土壤营养均衡协调供应。

（2）科学修剪，防止树冠郁闭，改善冠内风光条件。樱桃树修剪方法多种多样，现在介绍几种常用的修剪方法，供参考应用。

①轻短截。剪去枝条顶端一部分，剪口下留半饱芽。留芽多，顶端优势减弱，萌芽力高，形成中短枝多，有缓和枝条生长势、促进花芽形成的作用。

②中短截。在枝条的中部剪，剪口留饱满芽。经中短截后的枝条，成枝力高，生长势强。中短截常用于主枝延长枝修剪和培养大中型枝组。

③重短截。在枝条的下部剪，剪去枝条的大部分，剪口下留半饱芽，剪后枝条萌芽少，一般只在剪口下抽生1～2个旺芽，徒长生长，不利于花芽形成。生产中，一般不采用。

④长放。一般在旺树非骨干枝上应用。经长放的枝，停止生长早，有利于花芽分化和提前结果，幼树阶段效果明显。

⑤回缩。回缩是指对多年生枝或枝组的短截。多用于控制辅养枝生长，培养结果枝组，以及骨干枝换头和老枝更新修剪。

⑥疏枝。疏枝是将枝条从基部疏掉。疏枝既可以改善通风透光条件，又有利于营养的积累和花芽的形成。疏枝对剪口上枝条可削弱其生长势，对剪口下枝条，可促进其生长。

⑦摘心。可促生副梢，增加级次，有利于形成花芽，早结果。

⑧扭梢。5～6月在新梢基部半木质化部位扭曲，使之下垂。可缓和枝条生长势，促进花芽形成。

⑨拉枝开角和绳索牵引。对较直立的枝条实行拉枝，加大枝条开张角度，有利于缓和树势，形成花芽，促进开花结果。对生长方位不正且其附近又有较大空间的侧生密挤枝实行绳索牵引的办法，将其拉到有空间的地方，改变其生长方位，有利于空间的充分利用。

修剪中，以疏剪、拉枝为主，不短截、少回缩，以调整树体结构、改善通风透光条件为主要目的。一要疏除严重挡光、密挤的侧枝生大枝，以解决或改善"侧光"；二要疏除树冠上部过大、过高、过粗的大枝，以解决"上光"，同时达到控上促下、复壮内膛的目的；三要疏除密挤枝、强旺枝、重叠枝和外围多头旺枝；四要对较直立的大枝拉枝开角，以减缓极性、缓外养内、促壮内膛，从而使树体长势逐渐稳定下来，实现丰产、稳产、优质的管理目的。

（3）花期做好授粉工作。以昆虫授粉为主，同时做好人工辅助授粉措施，努力提高坐果率和产量，以果压冠，缓和树体长势。

（4）花前树上喷布 500 倍天达-2116（或 500 倍天科植物能量合剂）加 2 000 倍天达硼，花后树上喷布 1 000 倍天达-2116（或 1 000 倍天科植物能量合剂）加 1 000 倍天达糖醇钙或绿肽圣，可起到提高坐果率、防止幼果脱落、提高果品产量、缓和树势、促壮树体、抑制旺长、防冻抗冻、预防"倒春寒"等作用。

（5）加强土壤管理，搞好土壤健康。黏土掺沙，增施有机肥、松土减湿、增氧，以改善土壤的物理性状、营养状况、通气状况和微生物状况，使土壤肥力水平得到较大的提升，为甜樱桃生长发育提供良好的土壤条件，从而促进根系的生长，尤其是促进吸收根大量生长，这对协调树体营养生长和生殖生长的平衡极有好处。

（6）使用生长抑制剂 PBO。对于旺长树使用 PBO，能较快地缓和树体旺长现象而促进生殖生长，但必须适量使用，千万不能乱用，否则易带来不良后果。地下使用一般标准是：四年生树 2 克/株、五年生树 3 克/株、六年生树 4 克/株、七年生树 5 克/株、八年生及以上树 6～7 克/株，一般 3 年使用一回。叶面喷布使用浓度为 200～250 倍液，一般年中连喷两次，间隔时间 20 天左右，喷布时期在新梢旺长期间或打药时加天达-2116 果树型 1 000 倍液，可使树势稳健，不旺长。

五、怕树体衰弱

甜樱桃只有树体中庸、健壮、稳定，才能实现丰产、稳产、优质的生产目的。如果树体衰弱，则结果性能降低，果品质量低劣，果实商品性能差，果园效益也一定不会好。

1. 甜樱桃树体衰弱的表现

（1）树体生殖生长和营养生长严重失调，营养生长极弱，外围新梢大多在 10 厘米左右，甚至更短，并且数量也很少，树体极度衰弱，毫无生机，树相表现为"小老树"。

（2）树体上生殖生长占主导地位，短果枝和花束状果枝布满全树，且细弱、短小，树上叶片面积小而薄，年年花开满树，但由于花芽发育不良，开花后坐果率低，生理落果重。短果枝和花束状果枝寿命短，易死亡。

（3）果品产量低、质量差。表现为果个小、无光泽、不鲜艳、含糖量低、风味清淡、有涩气、口感极差，基本无商品性。

2. 甜樱桃树体衰弱的主要原因

（1）投入太少，导致树体衰弱。往往受传统观念影响，认为甜樱桃生长期短，无需多投入，树体长年处于饥饿状态下。

（2）施肥以氮肥为主，化肥当家，致使土壤酸化较重而使树体发育不良，导致树体衰弱。

（3）土壤瘠薄，土层太浅或土壤黏重，活土层太浅，使根系无法伸展，导致树体衰弱。

（4）结果过多，但投入不足，使生殖生长和营养生长严重失调，生殖生长过度，导致树体衰弱。

（5）果园管理粗放，导致树体衰弱。主要表现为天牛、桑白蚧、害螨、根颈腐烂病、流胶病、早期落叶病等病虫害发生严重；不除草、不松土，全园杂草丛生；果园靠天吃饭，无补充灌溉，干就干死，涝就涝死；缺乏科学修剪管理等。

3. 树体衰弱的主要校正措施

（1）科学施肥。加大果园肥料投入，确保土壤养分供应充足，促进树体健康生长发育。要做到：基肥重有机肥，有机肥和无机肥结合；追肥讲均衡，大量元素和中微量元素配合；肥水管理要协调，实行水肥一体化管理，建议施基肥时肥料与保水剂混合使用，这是果园实现水肥一体管理的最好途径。从而让果树吃饱、吃全、吃好，吃的及时，长的健壮。

（2）深翻扩穴，改良土壤，打通障碍层，增施有机肥，创造良好的土壤条件，促进根系生长发育。

（3）对于酸化土壤，要注重酸化改良，使用土壤调酸剂，创造适宜的土壤反应环境。

（4）加强果园病虫害防治，严防果树枝干、叶片、根部病虫害，确保树体健壮生长发育。对于蛀木害虫天牛等采用"树里虫子树外治"，成虫出树时捕捉及喷药防治，一般采用540克/升毒死蜱微囊悬浮剂＋有机硅防治；对于其他病虫害，要选对药剂＋天达有机硅防治效果最好。

（5）及时除草，防止土壤荒芜，及时松土，防止土壤板结，保证良好的土壤通气状况，以促进根系生长发育。

（6）加强果园水分管理。一是浇好花前水、花后水、硬核水、膨大水和采后水，以保证水分供应。二是做好雨季排水防涝工作，严防雨涝对果树生长发育的不良影响。

（7）科学修剪。一要疏弱、疏老、留壮，二要对多年生枝适当回缩，更新复壮，三要各级带头枝短截促长，从而促进树体健壮生长发育。

（8）加强疏花、疏果，适当少留花果，对于严重衰弱树可以将花芽全部抹掉，以促进营养生长，复壮树体。

（9）使用保健产品天达-2116及天科植物能量合剂或绿云海之灵。在控花控果的基础上，树上喷布天达-2116、天科植物能量合剂或绿云海之灵，可以显著提高枝、叶、花、果发育水平，从而使树体生长健壮。

六、怕土壤黏重

黏重土壤，有机质含量低，土壤通气状况不良，抑制根系呼吸，对甜樱桃的生长发育极为不利。

1. 甜樱桃根系的生长发育对土壤空气的要求 甜樱桃根系呼吸强度大，需氧量大，土壤中空气含量在 10％以下的树体发育不良，因此，甜樱桃生长发育对土壤的要求是：土壤疏松，孔隙度大，空气丰富，含氧量高。

2. 土壤中不同土层通气性及空气含量状况对甜樱桃根系分布的影响

（1）上层土壤。从地表至地面下 20 厘米，为耕作层土壤。该层土壤暄软疏松，通气性好，空气含量丰富。

（2）中层土壤。从地表下 20～40 厘米，为一般耕作层。该层土壤较疏松，通气性一般，空气含量较多。

（3）下层土壤。地表下 40 厘米深处以下，为非耕作层。该层土壤坚实，通气性差，空气含量较少。

上层、中层土壤通气性良好，可为甜樱桃根系生长提供良好的空气条件，由于甜樱桃根系需氧量多，故甜樱桃根系集中分布在这一土壤区域内。

3. 不同土壤质地对甜樱桃生长发育的影响

（1）沙壤土。土质疏松，土壤孔隙度大，通气性较好，含氧量高。

（2）壤土。土质暄软疏松，土壤孔隙度较大，通气性较好，含氧量较高。

（3）黏土。土质致密紧实，土壤孔隙度少，通气性差，含氧量低。

由于甜樱桃根系呼吸强度大，需氧量较多，故在沙壤土、壤土地上生长良好。而黏土地通气性差，不能满足根系对土壤空气的要求，因此建在黏土地上的樱桃园多表现树体生长发育不良。

（4）对于建立在较黏重土壤上的甜樱桃园，要获得理想的生产目的，必须加强土壤改良，其改良措施如下：

①深翻改土扩穴，加深活土层，同时大量增施有机肥料。

②对果园土壤压沙、拌沙、改黏通气，改变黏重不通气的物理性状。

③对果园土壤进行果园生草、覆草，实行覆盖栽培管理。

④如果要在黏重土壤上新建果园，应先改良，后建园。

七、怕土壤干旱

甜樱桃耐旱但不抗旱，对土壤水分供给反应极其敏感。

1. 土壤干旱缺水对甜樱桃根系和叶片的影响 甜樱桃根系浅，深层的土壤水难以吸收利用，故抗旱能力差。当土壤含水量降到10%以下时，根系就停止生长，难以吸收水分，当土壤含水量降到 7% 以下时，叶片就发生萎蔫，甚至变黄脱落。

2. 萌芽开花期土壤干旱缺水对树体生长发育的影响 萌芽开花期是树体各组织器官生理活动最活跃的时期，此期如果土壤水分亏缺，会严重影响树体上各组织器官的正常构建而影响树体的正常生长发育。

3. 谢花后至果实采收前土壤干旱缺水对叶片、果实、新梢的影响 谢花后至果实采收前共 40 天左右的时间内是甜樱桃的需水临界期。此期如果土壤干旱缺水或不能及时灌溉，会严重影响叶片、果实、新梢的生长发育。

（1）谢花后至硬核前，时间为 10～15 天，这是果实的第一速长期。此期叶片迅速伸展，新梢迅速萌发抽枝，果实细胞迅速分裂增殖，果柄的维管束和果核内胚乳迅速发育。这个时期是果实生长发育的关键期，如果此期土壤干旱缺水，不但严重影响树体抽梢、展叶，同时严重影响幼果的细胞分裂、果柄维管束及果核中胚乳的发育，从而导致叶片发育小、幼果发育不良。

（2）硬核期为果实第一速长期结束至第二速长期开始这段

时间，历时 10 天左右。此期新梢生长迅速，叶片数量迅速增加，叶面积迅速扩大，但果实的大小变化不大，膨大速度极缓慢，果核开始木质化，胚乳逐渐消失，胚发育成熟。果实大小虽变化不大，但果实生理发育旺盛。这个时期甜樱桃对土壤水分的多寡反应最为敏感，当土壤含水量降到 12％时，就要立即浇水。此期如果土壤干旱缺水，根系吸收水分受阻，则影响新梢和叶片的生长发育，更为严重的是果实的生理发育将受到严重影响，极易引起大量的生理落果（俗称"柳黄"落果），从而造成严重减产。

（3）硬核后至果实成熟，这是果实的第二速长期，时间 15 天左右。此期新梢基本停长，并进一步发育充实。叶片基本稳定，并进一步发育成熟，以提高光合能力，促进营养制造，保证果实快速膨大。果实则加速发育，迅速膨大，含糖量逐渐提高，果色由绿变白并逐渐着色成熟。这个时期果园浇水与不浇水对叶片和果实的发育影响极大，如果此期果园土壤干旱缺水，对于叶片来说，不但影响叶片的进一步发育，而且因水分供应不足，叶片要从果实内夺取水分，以满足自身对水分的要求，从而影响果实的生长膨大；对果实来说，将严重影响果实膨大造成减产和降低果品质量，主要表现为果实个头小，着色差，无光泽，风味清淡，含糖量低（与浇水比较，含糖量低 2 度以上）。此期如果土壤干旱缺水，当遇到突然降水或者空气湿度过大时，极易发生裂果现象而严重影响果品外观品质，甚至使果实失去商品价值。

（4）果实成熟采收后，甜樱桃开始进行花芽分化，经过 1～2 个月完成分化。花芽分化期，在果园管理上保持土壤适宜供水能力和及时补充土壤和树体营养，对促进花芽变化，并使其形成大量优质花芽至关重要。如果此期土壤干旱缺水，则影响根系对土壤养分的吸收和叶片的营养制造，极不利于花芽分化。高温、干旱加营养失调是造成花芽分化不良，形成大量败育花和双雌蕊花的主要原因。败育花只开花不能坐果，双雌蕊花则形成畸形果，从而影响果品产量和质量的提高。因此，果实采收后，要不失时机地加强水分管理和营养补充。

（5）秋季土壤干旱缺水对树体储藏营养积累的影响。秋季是果树根系第三次生长高峰期。秋施基肥后，如果土壤干旱缺水，一是影响根系的生长发育；二是影响肥料溶解，难以较好地发挥肥效；三是根系对养分的吸收、转化受到阻碍，难以提高树体的储藏营养水平，从而降低了树体抗病、抗逆能力，进而影响树体来年的健壮生长发育及组织器官的正常构建。

4. 解决方法　及时补充水分，满足甜樱桃正常生长发育对水分的要求。

由此可以看出，甜樱桃怕干旱，离不开水，在生长发育过程中对土壤水分的多寡状态反应极其敏感，因此，必须及时对果园补充灌溉，确保土壤水分的及时供应，以促进树体健壮生长发育。根据甜樱桃的生长发育特性和需水特点，在一般情况下，年中果园浇水必须保证在 6 次左右。如果园使用汉力淼土壤保蓄肥改土剂，年中果园浇水保证发芽前后、花后、膨大 3 次水即可。

（1）花前水。萌芽至开花前进行，此次果园浇水可促进根系对水分、养分的顺利吸收利用，从而满足甜樱桃萌芽、开花、坐果、抽枝、展叶对水分、养分的需求，促进树体组织器官的顺利建造。同时花前水可推迟开花，有利于防止晚霜对开花坐果的危害。

（2）花后水。此次果园浇水可促进叶片迅速展叶，新梢迅速抽生，果实细胞加速分裂增殖，提高坐果率和增大果个，为长大果打下良好生长基础。

（3）硬核水。此次果园浇水可促进新梢、叶片、果实内果核的迅速生长发育，提高叶片光合面积，有效预防"柳黄"生理落果，同时为果实第二速长期积累营养以促进果实的第二次快速膨大。硬核期如果较为严重干旱，应连续浇水两遍。

（4）膨大水。此次果园浇水可有效加强根系对土壤养分的吸收利用，提高叶片、新梢的进一步发育，增强光合性能，加强营养制造，促进果实迅速膨大，增大果实个头，提高产量，促进果实增糖、着色，改善表光，提高果品品质。如果此期遇到自然降雨，浇水还可以预防或减轻雨后裂果，提高优质果率。

（5）采后水。由于开花结果对树体营养的过度消耗，此次果园浇水可有效地缓解高温、干旱和营养不足对花芽形成的影响。促进花芽分化，减少败育花、双雌蕊花的发生，使其形成大量的优质花芽，这对于提高来年果品产量和质量至关重要，不可忽视。

（6）秋后水。一般年份，我国北方都易发生秋旱现象，并且旱象较为严重，常造成土壤秋季干旱缺水而影响甜樱桃根系对土壤养分的吸收，进而造成树体内贮藏营养贫乏。此次果园浇水可有效地改善土壤水分状况，其主要作用有：一可促进根系的生长发育而使"秋根"大量发生，提高了根系的吸收能力；二可促进肥料的溶解，提高了土壤的供肥能力；三可促进根系对土壤养分的吸收、转化，提高了树体贮藏营养水平，增强了树体抗病、抗逆能力，这对于保证树体来年健壮地生长发育具有重要的意义。但是，此次浇水多处于晚秋时期，许多人认为果树基本不长了，浇不浇水已无所谓了。其实此期正处于果树根系的第三次生长高峰，此次浇水对于促进根系生长、确保树体健壮尤为重要，因此切不可忽视。

最后，应该补充说明的是，甜樱桃怕干旱，在生长期内根据天气状况必须及时做好补充灌溉，但是要获得最佳的补充灌溉效果，最好在花前水、花后水、硬核水和采后水浇水的同时，根据甜樱桃对营养的要求每亩追施天达根喜欢 2 号 10 千克＋绿云贝农斯 20 千克，实现水肥一体化管理，这样才能最大限度地显现出甜樱桃园补充灌溉的效果。

八、怕土壤雨涝积水

甜樱桃喜水但不耐涝，对果园土壤雨涝反应极其敏感。

1. 果园土壤雨涝对甜樱桃树的影响　在甜樱桃园常常可以见到因雨涝导致甜樱桃树势极度衰弱甚至树体死亡的现象，尤其以平地、洼地和半边涝的地块发生比较严重。在遇到较大降水后，如果土壤积水严重，二十几个小时就能导致叶片萎蔫，继之叶片发黄并逐渐凋落；48 小时就能造成根系窒息死亡；如果在高温天气条件下，土壤雨后严重积水几个小时根系就窒息死亡，叶片就萎蔫了。

2. 甜樱桃果园因雨涝土壤积水引起树体衰弱或死亡的原因　甜樱桃的根系呼吸旺盛，需氧量大，要求土壤通气性良好才能正常生长，土壤空气含量在 10% 以下时，根系就发育不良。当遇到较大降雨（尤其是在雨季）后，往往易引起土壤严重积水，土壤孔隙被大量雨水充满，使土壤中空气的含量微乎其微，造成根系不能正常地进行呼吸作用而发生窒息死亡现象。在土壤大量积水时间较短的情况下，也能导致许多吸收根窒息死亡，在地上部首先表现的是树体大量的叶片萎蔫，变黄，最后脱落，使树体光合器官大量减少而严重影响光合作用，从而导致树体营养严重不足使树体极度衰弱。如果土壤有较长时间的严重积水，则使吸收根全部窒息死亡，同时地上部树体上所有叶片全部萎蔫、变黄、凋零，使树体完全失去光合能力，最后树体营养供应缺失而导致树体死亡。在高温条件下的果园土壤严重积水，由于雨后水温度很快提高，在缺氧窒息加高温闷蒸的双重作用下，加快了吸收根的死亡进程，进而导致树体很快死亡。

3. 甜樱桃园管理过程中防止雨涝的方法

（1）适地建园。不在易发生涝害且雨水不易排出的土地上建园。

（2）雨季来临前做好排涝预防措施。在雨季来临前，挖好排水沟，让雨水自流排出果园，以防果园积水而发生涝害。

（3）改进栽培制度。将传统的平地栽培改为高起垄栽培管理，以防根际土壤雨后积水而发生涝害。

（4）改进土壤管理技术措施。为了便于果园浇水，须整修树盘，力求做到根颈周围的土壤地面要高，树盘地面呈内高外低状，以防根颈周围雨后积水而发生涝害。

（5）做好雨后排水、松土、增氧技术措施。较大降雨后，及时将果园内或树盘内的积水排出，并在天气晴朗后对果园土壤及时进行中耕松土，加速土壤水分蒸发，以增强土壤含氧量，恢复根系正常的呼吸速率，从而减轻涝害对果树根系的危害。

九、怕自然灾害

根据甜樱桃的生长发育特点和对环境条件的要求，较苹果、梨等果树而言，甜樱桃更易遭受多种自然因素的影响，以至于发生自然灾害，就会影响甜樱桃生产的增产增收。自然灾害主要有风害、冻害、冰雹、干旱、雨涝、鸟害等，生产管理中必须注意加强防范。

（一）风害

由于甜樱桃根系浅，固地性差，不抗风，生长季节遭受风害而影响树体的生长发育。

1. 风害对甜樱桃的危害

（1）春季易遭受大风摇树，树体剧烈摇摆晃动，会造成大量吸收根死亡，进而影响阶段时间内吸收根对水分、营养的吸收，造成根颈周围的土壤出现较大的孔洞而影响根系生长。

（2）由于甜樱桃果实果柄较长，不抗风，在果实生长发育期，特别是在果实的第二速长期至采收前，如果遇到较大的风，易造成落果现象，有不同程度的减产。

（3）夏、秋季雨水一般较多，且风雨往往结伴而行，土壤被雨水浸泡后，对树体支持作用减少，再加上树体上枝叶繁茂对风的阻力更大，使风向的摇树作用力更大，从而影响树体的正常生长。

2. 对风害影响的防范措施 风害对甜樱桃的生长发育影响很大，生产管理中必须注意防范。

（1）适地建园。选择背风处建园，一般不选择在风口处或大风易经过的地方建园。

（2）选择适宜的砧木、苗木建园。建园时，选择根系发达的砧木、苗木，如毛把酸、大青叶、莱阳矮樱等嫁接的苗木。

（3）立支柱。在幼树期间，中干立支柱，以绑缚固定树株，提高树体的抗风能力。

（4）外力绑缚加大树体抗风能力。甜樱桃树体较大后，在中干上的适当部位，分东、南、西、北4个方位拉系铁丝或绳索，固定树体。固定时，地下埋没木桩固定或拉绳与地面呈45°角，在铁丝或绳索牵扯的作用下，以减轻树体的摇晃幅度，或者架设支架，固定幼苗，从而起到防风作用。

（5）加强栽培管理。春季土壤解冻后，在根颈周围培土堆。尤其是幼树更应该采取该项措施。土堆标准：土堆高30厘米左右，直径100厘米左右。培土后将土堆实，以加强树体的固地性。根颈培土堆，一可防止树株倒伏和避免根颈周围土壤出现空洞，二可防止树根颈部位树盘积水，三可促进根颈不定根的发生，以增强树体的固地性，同时还能增加根量，提高根系的吸收能力，促进树体生长发育。

（6）培养抗风树体。树体要求低干矮冠，树形可选用自由纺锤形、自然开心形和多元枝自然层状形，树高以控制在3.5

米左右为宜。

（7）加强补枝措施管理。对在两季因风摇摆树体使根颈周围土壤出现有较大孔洞或者已倒伏的树，在雨过天晴、地表干爽后，可慢慢扶正，同时用较干的土填埋孔洞，并用脚踏实土壤。应注意的是：一是对倒伏的树不可急速强行扶正，因为甜樱桃根较脆，被风刮倒后再加人工强扶，一倒一扶，伤根更重且不易恢复，有的甚至加速树体死亡。二是对要扶正的树，因根颈周围都有较大的孔洞，填埋土壤时不可用泥浆土，否则易造成土壤缺氧严重，使根系窒息死亡，不利于树体恢复生长。

（二）霜冻

霜冻，即通常我们说的"倒春寒"。由于甜樱桃开花早，在花期和幼果期极易遭受晚霜"倒春寒"。严重的年份，甚至会造成有些区域的甜樱桃园绝产、绝收，因此，"倒春寒"对甜樱桃生产危害极大。对于"倒春寒"的预防，现正成为甜樱桃春季果园管理的常规措施之一。

春季晚霜对甜樱桃生殖器官引起霜冻的临界温度：花蕾 $-2.2℃$，花 $-1.8℃$，幼果 $-1.1℃$。春季晚霜冻害的轻重程度还与发生冻害最低气温持续的时间长短有关，一般是持续时间越长，晚霜冻害发生程度就越重。

1. 春季晚霜冻害对甜樱桃生长发育的影响　春季晚霜冻害发生后，如果发生程度较轻，一般是花冠、雌蕊、雄蕊或者幼果受到不同程度的伤害而影响坐果和产量。如果霜冻重度发生，则花蕾、花冠、花托被冻枯萎，幼果心室褐变死亡，果皮如开水烫状变色，易剥落分离，不能坐果而造成大减产甚至绝产、绝收。

2. 果园立地条件对霜冻发生程度的影响　霜冻多发生在山谷、低洼及平泊盆地的果园，地势较高的山坡地果园一般发生较轻。

3. 品种对霜冻发生程度的影响 由于甜樱桃开花早，通常甜樱桃是不抗霜冻的，但是品种不同，抗霜冻的能力也有所不同。品种间抗霜冻的能力由强到弱的顺序依次是：红灯、那翁、雷尼、拉宾斯、芝罘红、意大利早红、美早等。

4. 果园管理技术和水平对霜冻发生程度的影响

（1）果园管理水平高、投入大、树体健壮、抗逆能力强的，晚霜发生后霜冻的程度较轻，反之则较重。

（2）晚霜前果园浇水的霜冻发生程度较轻，不浇水的则较重。

（3）晚霜发生当夜，采取熏烟或对树体进行喷水的果园霜冻发生程度较轻，不采取熏烟或树体喷水的则较重。

（4）晚霜发生前和发生后，树上喷天达-2116 或绿云海之灵的果园霜冻发生程度较轻，不喷的则发生较重。

（5）树冠枝条较多、叶片较多的树体霜冻发生程度较轻，树冠枝条、叶片稀疏分布的树体霜冻发生程度较重。

（6）早春用 10% 的石灰水涂抹树干和较粗的大枝，可推迟开花时期，从而避开霜冻危害。

（7）在甜樱桃开花前树上喷布 300～400 倍天达-2116 或绿云海之灵，在开花后树上喷布 500～600 倍天达-2116 或绿云海之灵，以提高树体营养水平，增强生殖器官的抗逆性能和促进因霜冻而受损的细胞快速修复，从而使树体在霜冻发生后迅速恢复生长发育。这是预防霜冻的重要措施。

（8）在春季晚霜时期，时刻做好防霜冻准备，及时收看天气预报，在霜冻发生的当夜，适时进行果园熏烟或树体喷水以预防霜冻，让霜冻危害减轻到最低程度。

（9）建议科研机构尽快研究出有关防春季晚霜冻害的机械设施或预警系统，以便更科学地将春季晚霜对果树造成的危害和损失降至最低。图 3-1 为智利甜樱桃园防霜冻生烟专用设备。

图 3-1 智利果园防冻设施

（三）冻害

所谓冻害，是指在休眠期（冬季至早春）由于超低温天气影响对甜樱桃树体所发生的伤害。甜樱桃喜温不耐寒，有的年份，由于天气不正常的变化，当气温降到－16℃以下且持续时间在 2 天以上时，会使树体组织器官（花芽、新梢、枝干）遭受冻害。

1. 休眠期冻害的表现

（1）发生冻害后，花芽组织结构被破坏，花芽的鳞片开裂松散，芽内组织变为黑褐色，内部生长点死亡；枝条受冻，枝条皮层变褐，枝条失水干缩死亡；枝干受冻，树干或骨干枝形成层褐变，输导组织被破坏，树皮纵向开裂，树体地上部失去生长能力而枯死。

（2）冻害发生后，对甜樱桃生产影响巨大，往往带来较为严重的经济损失。一般的冻害，花芽受冻死亡，造成大减产，甚至当年绝产。严重冻害造成树皮形成层褐变、枝干纵裂，导致地上部树体死亡，永久失去生产能力。

（3）不同树龄和长势冻害程度不同。一般是幼树受冻较重、成龄树受冻较轻，树体长势健壮受冻较轻、树体衰弱受冻较重。

（4）不同立地条件冻害程度不同。一般是地势较高、背风向阳的坡地受冻较轻，地势低洼、背阴、迎风口的果园受冻较重。

（5）果园管理水平不同，冻害程度不同。管理粗放、多施氮肥、干旱缺水、雨涝积水、早期落叶的果园受冻较重。精细管理、科学配方施肥、适时浇水、及时排涝、保叶完好的果园受冻较轻。

2. 休眠期冻害原因分析 甜樱桃是比较不耐严寒的果树树种，冬季的绝对低温往往是甜樱桃栽培的重要限制指标。但是，在近十几年来，由于气候的变化，在现栽培区域，甜樱桃休眠期也不时会出现较严重的超限低温天气，并且往往低温天气持续时间较长，使甜樱桃树体难以忍受而发生超低温冻害。当休眠期出现超低温天气时，在超低温的作用下，组织器官细胞膜系统受损，正常的结构和生理功能被破坏，树体内水分平衡失调，细胞结冰受伤失去生理功能，从而使组织器官死亡和发生结构变异。

3. 休眠期冻害的防御措施 甜樱桃休眠期一旦发生超低温冻害，则难以防范补救。要防冻害，只能是加强果园管理，增强树势，提高树体的抗逆能力，做好防御冻害的准备措施，来抵御休眠期冻害的发生。

（1）适地建园。选择地形开阔、光照充足、地势较高、北风影响较小、土地肥沃、土质疏松、排灌方便的地方建立果园，以防御冻害发生。

（2）选择抗寒砧木和品种。栽培建园时，尤其是易发生冻害的地区，要特别注意选择抗寒性强的砧木和品种，以防御冻害发生。

（3）树干涂白。落叶后树干刷涂白涂剂（石灰∶食盐∶水＝1∶0.5∶20），以防御冻害发生。

（4）树干保护。入冬前进行树干包草和根颈培较大土堆，以防御冻害发生。

（5）加强果园综合技术管理，确保树体健壮，提高休眠期超低温发生时树体抵御冻害的能力。其主要措施有：做好秋施基肥，提高树体贮藏营养水平；增施有机肥、中微量元素肥、控氮稳磷增钾配方肥，实现树体营养平衡供应；适时浇水防旱、雨后及时排涝、及时防病除虫，确保树体正常生长发育；秋季树上加喷天达-2116 植物细胞膜稳态剂或绿云海之灵，提高树体各组织器官的抗逆能力。

（6）休眠期一般性冻害的补救。一般性冻害是指树上花芽部分冻死，树干形成层发生较轻褐变的冻害。这种冻害发生后，可于来年果树发芽前树干涂抹 10～20 倍天达-2116 或绿云海之灵，发芽后树上喷 300 倍天达-2116 或绿云海之灵，以促进树体迅速恢复生长发育。

（四）雹灾

1. 冰雹灾害的特点

（1）局部性。即小区域性发生，通常说"雹打一条线"正是如此。

（2）不可确定性。对于冰雹灾害何时发生、发生在何处、灾害发生程度难以预测，突发性很强。

（3）短时间性。冰雹灾害一旦发生，从几分钟到十几分钟时间不等，但时间都不会很长。

（4）破坏性大。冰雹灾害对农业生产的破坏性很大，雹灾一旦发生，均不同程度地影响农民的经济收入，严重的甚至绝产绝收。

（5）难防性。在常规生产条件下，难以预防冰雹灾害。

2. 冰雹灾害对果树破坏的表现
甜樱桃遭到冰雹灾害时，叶片被击碎，甚至被击打脱落而严重影响光合作用；果实被击伤、击烂，甚至被击打脱落失去商品性能而严重影响果园的经济收入；小枝被击折断，枝干皮层被击伤、击破而严重影响树体营养输导和发生流胶现象，导致树体衰弱，因此雹灾过后应及时加强果园管理，确保树体迅速恢复生长。

3. 冰雹灾害后的应对措施　冰雹灾害发生后，许多果园受冰雹袭击被破坏的树体受损严重，特别是果实受到严重损伤，使当年的果园收入大打折扣，许多受灾果农因此而放弃了后续果园管理，这是不可取的。经营管理者必须明白果树是多年生植物，具有经济效益的连续性特点，必须加强灾后果园管理，只有通过良好的果园管理措施，促进树体尽快恢复生长发育，才能保证来年的优质、丰产、高效。对于受灾较轻的果园，通过加强果园管理，可促进受伤轻的或者没有受伤的果实尽快恢复生长发育，增加经济收入，从而降低当年的经济损失。

（1）冰雹灾害过后，马上对果园土壤中耕松土，提高土壤通气性，便于根系的生长活动和对养分的吸收供应，以促进树体及时恢复生长。

（2）摘除受伤的果实。一方面可防止感病而互相传染，另一方面可减少营养损耗，集中营养供应给没有受伤的果实，促进生长发育。

（3）加强病害防治，防止病菌从伤口侵入枝干、叶片和果实而造成病害大发生。保树、保叶可选用天达-2116或绿云海之灵＋戊唑醇等三唑类农药和3％多抗霉素，保果可选用多菌灵、甲基硫菌灵等农药。7～10天喷1次，连用两次，并力求做到喷药周密细致，实行全树各组织器官淋洗或喷布。

（4）加强根外追肥，快速补充营养，促进伤口愈合，加快受损组织细胞的修复，提高叶片光合能力。冰雹灾害后，对果树的枝、叶、果各部位喷布800倍天达-2116或绿云海之灵等营养保健产品，7～10天喷1次，连用两次，以便迅速恢复树体生长发育。

（5）在果园架设防雹网，以防冰雹对果树的袭击或用防雹炮防止冰雹。

（五）旱害

甜樱桃喜水，果园连续干旱无水又不进行补充灌溉，将严重影响树体的生长发育而伤害树体，对生产危害很大。因此，要根据气候、土壤和树体表现及时做好补充灌溉。对一般性干旱，必须及时做好补充灌溉，人为可以控制，前文已做了详细说明。如果长期干旱，造成旱灾，一般难以解决，只能兴修水利，搞好喷灌、滴灌、暗灌等节水灌溉措施（图3-2、图3-3）。

图 3-2　管状喷灌

图 3-3　滴　灌

（六）涝害

甜樱桃喜水但怕涝，一旦发生涝害，对果树的伤害较大，轻者造成叶片脱落，重者造成死枝死树。因此，在雨季必须随时做好果园排涝措施。对于一般性雨季涝害，通过及时排涝和加强果园管理，人为可以控制减害，前文已做了详细说明。

（七）雨害

这里所说的雨害是指在果实第二速长期遇到降雨而引起果实裂果的问题。甜樱桃在此期遇到天气降雨，往往导致果实大量裂果而降低产品质量甚至使果实无商品价值，从而造成严重的经济损失。如何预防甜樱桃成熟期雨害裂果，将在后面章节做进一步说明。

（八）鸟害

甜樱桃美丽鲜艳，在成熟期又少有其他水果成熟，最易遭受鸟类啄食，失去商品价值。因此，必须在甜樱桃成熟期注意防范鸟类对果实的伤害。根据多年的经验，其主要防范措施如下：

（1）在园内设置高稻草人。

（2）在园内树冠上部拉扯发光塑料彩带。

（3）在园内树冠上部交叉密拉白线，制造"天网阵"。

（4）在果园上空用高杆绑挂死亡的喜鹊。喜鹊最怕见死亡同类，从而可吓唬喜鹊不敢靠近。

（5）果实成熟期，在果园内播放鸟的惨叫声录音带，使鸟类不敢靠近。

（6）果实成熟期，在鸟类易出现的果园，每天放鞭炮驱逐，还可用防鸟剂驱避鸟类。但是人类要保护鸟类，同在一个天地间，和谐相处为主，为防鸟害还是以吓、驱为主，不要去捕捉、伤害鸟类。

（7）在果园上空架设防鸟网，防止鸟类进入园内。

十、怕品种单一

栽果树管果园的目的就是获得高的经济效益，而经济效益的获得主要是通过果树开花授粉结果来实现。如果果树只开花不结果或结果少，就失去了果园增产、果农增收的生产意义。要实现果树大量结果，在果树开花后必须有一个良好的授粉过程。甜樱桃的开花授粉结实特性与小樱桃和酸樱桃不同，小樱桃和酸樱桃自花结实率高，而甜樱桃自花结实率低甚至自花不结实，因此，甜樱桃园最怕品种单一，品种单一是丰产、稳产的大敌。

1. 甜樱桃开花授粉结实特性

（1）甜樱桃多数品种自花不实，要结果丰产必须在不同品种间相互授粉。

（2）甜樱桃有少量品种可以自花结实，如拉宾斯、艳阳、斯坦拉、早生凡、美早、桑提娜等品种。

（3）甜樱桃不同品种授粉受精的亲和力有强有弱，较好的授粉组合是：红灯和先锋、拉宾斯、雷尼、宾库；意大利早红和红灯、先锋、拉宾斯；萨米脱和先锋、拉宾斯、美早；宾库和红灯、先锋、斯坦拉。

（4）甜樱桃树开花多，但花粉量不大，建园时搭配的授粉树应相对多一点，比例在30%左右。

2. 建立甜樱桃园时的品种搭配及品种单一果园的校正措施

（1）建立新园至少应选择 3 个品种，并且品种间要求授粉受精亲和力较强。

（2）建立新果园时，授粉品种要占 30% 左右，主栽品种占 60% 以上。

（3）建园时如果不分主栽品种和授粉品种，3 个以上的品种可等比例分配。各品种间互相授粉即可。

（4）目前生产和市场上均看好的几个品种有美早、红灯、艳阳、萨米脱、意大利早红、拉宾斯、雷尼、福星、黑珍珠、布鲁克斯等。

（5）对现有品种单一或授粉树数量太少的果园的校正措施。

①隔三差五地对原有品种进行高接换头或嫁接改换为授粉品种，以增加果园内授粉品种数量，提高果园授粉受精结实能力。

②在甜樱桃花期利用不同品种做好人工辅助授粉。

③购买甜樱桃商品花粉，用甜樱桃授粉器在花期进行辅助授粉。实践证明，此法对品种较单一的甜樱桃进行授粉，效果极好。

④壁蜂授粉。

十一、怕坐果少

众所周知，甜樱桃开花多，但坐果率低。坐果问题是导致甜樱桃产量低、效益差的直接原因，也是生产管理过程中果农最担忧的问题之一。保证甜樱桃有较高的坐果率，这是每一位果园经营者都所希望的。

1. 甜樱桃坐果率低的主要原因

（1）甜樱桃建园时品种单一。甜樱桃除少数品种有较高的自花结实率外，绝大多数品种自花不实。由于果园内品种单一，授粉受精不良，致坐果率低。

（2）甜樱桃建园时授粉树搭配数量太少，再加上甜樱桃花本身花粉量又较少，难以满足授粉要求，因而坐果率低。

（3）花期授粉措施不力。许多果园仅靠田间释放壁蜂授粉了事，而甜樱桃开花早，花期最易遭受不良天气如春季晚霜的影响，同时，不良天气也影响壁蜂的活动，从而影响果树授粉坐果。

（4）花期不进行叶面喷肥，不喷硼砂、尿素、赤霉素混合液，果树硼素营养失调，影响了花粉管的生长，从而授粉受精不良，致使坐果率低。

（5）由于对甜樱桃栽培认识上的偏差，投入不足，导致树体衰弱，花器官发育不良而影响了授粉坐果。

（6）施肥不科学。施肥以氮为主，磷、钾、硼、锌、钙、镁等元素供应不足，导致树体旺长，营养失调，使花芽发育不良而影响了坐果。

（7）不进行秋施基肥或秋施基肥过晚，树体贮藏营养不足，再加上果树开花和新梢生长消耗大量的营养，生长前期又没有及时地补充，导致树体营养亏缺而影响了坐果。

（8）甜樱桃硬核期如果干旱缺水，营养失调，易影响硬核和胚的发育，使幼果停止生长，导致发生大量"柳黄"落果。

（9）甜樱桃果实采收后，没能及时补充营养和补充灌溉，此期又多高温干旱天气，极易发生营养失调而使其花芽发育不良，花芽质量差，无雌蕊或者雌蕊明显低于雄蕊的无效花增多，来年难以正常坐果。

（10）没有做好甜樱桃园在雨季的排涝工作，使果园积水或者花期土壤含水量过多，土壤通气性差，影响了根系的正常生长发育，导致树体衰弱，树体组织器官发育不良，花芽质量差，影响了坐果。

（11）在甜樱桃的生长期，对病虫害防治不利尤其是对枝干病害防治不利，导致树体衰弱和叶片早落，使树体营养亏缺，花芽发育瘦小、质量差而影响了正常的坐果。

2. 提高甜樱桃坐果率的措施　要提高甜樱桃的坐果率，落实好在"怕品种单一"中谈到的技术措施外，还应加强果园的综合管理，努力提高树体的营养水平，确保树体健壮生长发育。其主要措施如下：

（1）甜樱桃露红至初花期树上喷布营养液。推荐400倍天达-2116 或绿云海之灵＋2 000倍天达硼＋300 倍尿素混合液。

（2）花期预防晚霜危害。根据天气预报和生产经验，在有霜的晚上下霜前点熏烟，有条件的也可进行果园喷水，以防霜冻。

（3）加强果实生长发育期的营养保健。在谢花后的果实第一生长期和硬核期树上各喷一次 800 倍天达-2116＋800 倍天达钙或 800 倍绿云海之灵＋800 倍绿云肽圣。

（4）及时进行谢花后和硬核期的地下追肥。推荐谢花后地下追施天达根喜欢 2 号＋绿云贝农斯，每亩果园 2 桶；硬核期地下追施天达根喜欢 1 号＋绿云贝农斯，每亩果园 2 桶。注意，天达根喜欢要加水稀释后使用，使用方法以施肥枪地下随水灌溉为好。

（5）及时进行果园浇水，满足果树对水分的要求。果园要浇好花前水、花后水、硬核水。

（6）果实采收后补充肥水。果实采收后，用施肥枪地下灌注天达根喜欢 2 号＋绿云贝农斯，每亩果园 2 桶，树上喷布 800 倍天达-2116 或绿云海之灵＋200 倍尿素＋1 000倍天达硼。

（7）保护好叶片。做好采果后的病虫害防治，预防发生早期落叶。

（8）防涝害。雨季切实做好果园排涝措施，严防涝害发生。

（9）加大果园投入，做好秋施基肥，提高树体贮藏营养水平。秋施基肥要实行配方施肥，要做到：施肥时间要早，在 8～9 月；有机肥要多，甜樱桃喜有机肥，多多益善；营养养分要全，大量元素、中微量元素都要有，让树体获得全面营养；施肥量要足，让果树秋季一次吃饱喝足，提高树体贮藏营养水平，一般亩用天达 75％有机肥 400 千克，15-5-20 复混肥 40 千克中微量元素肥 20 千克，天达硼 60 克。

十二、怕果实个头小

只有果实个大、色泽艳丽、果肉肥厚、肉实硬脆、酸甜适口的甜樱桃，商品性能才好，消费者才喜欢，市场价格才能高。

1. 甜樱桃果实个头以大为优 甜樱桃属于小果型的树种，在市场上果个大的甜樱桃更受消费者青睐。当前在市场上流行的以红灯为代表的大果型品种，其标准为单果重 8 克以上者为佳，好吃、好看，价格也高，其他常规品种往往是难以抗衡。新发展的美早是一个比红灯果个还要大的红色品种，栽植面积现也略成规模，近几年来也逐渐开始结果批量上市，其价格比红灯还要高，颇受市场欢迎。因此，在甜樱桃选种育种上注重引进和培育较大型果实的品种。在甜樱桃栽培管理上，努力加强技术管理，增大果个，因为果实个头大小是甜樱桃商品性的第一要素，在市场上果个大的甜樱桃喜人，相同品种间的甜樱桃果实个大的为优，就是不同品种间比较也是果实个头大的为优。

2. 甜樱桃品种果实大小分类 甜樱桃的果实个头不同品种间变化较大，根据果实的大小，有人分为特大（平均单果重大于 8.0 克）、大（6.5～8.0 克）、中（5.0～6.5 克）、小（3.5～5.0 克）、极小（小于 3.5 克）五类。但随着甜樱桃育种事业的发展、栽培技术的进步以及甜樱桃贸易的扩大，特别是进出口的发展，邵达元教授经多方考实，提出上述 5 个等级的极差应调整为大于 10 克（特大）、8～10 克（大）、6～8 克（中）、4～6（小）克和小于 4 克（极小）的大小级差标准。实践证明，该标准的提出对促进甜樱桃生产和贸易的发展起到良好的推动作用。

目前在生产中比较好的、果个较大的甜樱桃品种有美早、红灯、拉宾斯、萨米脱、桑提娜、福星、福晨、黑珍珠、雷尼、布鲁克斯等。

3. 影响甜樱桃果实个头大小的主要因素

（1）品种不同，果实的大小不同。品种间果实大小的差异是由品种种性所决定的。

（2）同一品种比较，果实个头大小差异是由果园管理水平决定的。甜樱桃园综合管理水平较高的，果实个头就较大，反之，则果实个头较小。

甜樱桃园综合管理水平较高的主要表现：树体结构合理，通风透光条件良好，叶片大、厚、绿、亮，光合能力强；土、肥、水管理科学，土壤疏松通气，有机质含量较高，养分供应丰富全面；水分供应充足、及时、稳定；果实负载合理，使营养集中供应，促果膨大；病虫害防治及时，无根颈腐烂病和枝干害虫发生，无早期落叶；树体长势中庸、健壮，短果枝和花束状果枝数量多、粗而壮、寿命长，连续结果能力强。

4. 如何生产出较大的甜樱桃果实 要在生产中获得较大的果实，首先是栽植大果型的甜樱桃品种以解决种性问题，这是前提条件。其次是提高果园综合管理水平，确保有一个中庸、健壮、稳定的树势和科学充足的肥、水供应条件。主要措施如下：

（1）调整树体结构，改善通风透光条件，拉枝开角，减缓极性，促进形成大量优质短枝。

（2）切实做好秋施基肥，努力提高树体贮藏营养水平，促树体健壮。

（3）保证追施花前肥、花后肥和膨大肥，满足树体营养供应，建议每次使用天达根喜欢每亩1～2桶＋绿云贝农斯1～2桶，加水稀释后，灌注到地下，从而补充营养。

（4）保证浇芽前水、花后水、硬核水和膨大水，确保水分稳定充足供应。

（5）花前、花后、膨大期各喷一次 800 倍天达-2116 或绿云海之灵，及时快速补充营养。

（6）搞好疏花、疏果，实现适量负载，使营养集中供应。

（7）雨季及时排水防涝，保证土壤通气性良好，促进树体健壮发育。

（8）切实搞好根颈腐烂病、天牛、桑白蚧、褐斑病、早期落叶病的防治，确保树体健壮，严防病虫害造成树势衰弱。

十三、怕幼果黄落

甜樱桃幼果易发生"柳黄"生理落果，这会造成不同程度的减产。生理落果严重的园区，果实黄落以后树上所剩余的幼果寥寥无几，这是甜樱桃经营管理者最闹心的事情之一，生产中必须注意加强预防。

1. 甜樱桃"柳黄"生理落果的时期　甜樱桃生理落果的时期主要是在硬核期。在硬核期，果实大小变化不大，但是果实内果核的生理发育却特别旺盛，主要表现为果核硬化、胚迅速发育。此期如果受到不良因素的影响，一旦果核的生理发育受阻，就会造成果实内脱落酸等激素水平发生变化，引起果实停长、干瘪，进而使幼果逐渐变黄脱落。剖开落果可看到果实内果核硬化不良，核内只有干瘪的种皮而无种胚。

2. 引起甜樱桃幼果生理落果的主要原因

（1）树体衰弱或旺长，通风透光条件恶劣，树体营养不良，缺素症严重导致果实发育不良，引起幼果黄落。

（2）花期授粉受精不良，影响了果实的发育，使幼果停止生长而引起生理落果。

（3）谢花后至硬核前干旱缺水，营养供应不足而影响了果实的发育，引起生理落果。

（4）硬核期严重干旱缺水，导致果实内的水分外流以供应新梢生长，影响了果实的发育而引起生理落果。

（5）硬核期新梢生长过旺，营养竞争能力强，导致果实营养供应不足，影响了果实的发育，并使果实停止生长逐渐变黄，发生生理落果。

3. 预防甜樱桃生理落果的主要措施

（1）加强果园土、肥、水管理，提高树体营养水平，科学进行修剪管理，改善果园风光条件，确保树体生长发育健壮。

（2）切实做好花前授粉措施，确保授粉受精。

（3）初花期叶面喷布 800 倍天达-2116 或绿云海之灵＋2 000 倍天达硼＋300 倍尿素混合液，以促进受精，确保坐果。

（4）谢花后树上喷布 800 倍天达-2116＋800 倍天达钙或 800 倍绿云海之灵＋800 倍绿云肽圣，地下灌注天达根喜欢 2 号 2 桶（10 千克/亩），同时干旱时进行补充灌溉。

（5）硬核期，树上喷布 800 倍天达-2116＋800 倍天达钙或 800 倍绿云海之灵＋800 倍绿云肽圣，地下灌注天达根喜欢 1 号 2 桶（10 千克/亩）＋绿云贝农斯 2 桶，同时干旱时进行补充灌溉。

（6）硬核期新梢摘心，可控制营养竞争，促进营养平衡供应，保幼果正常发育。

十四、怕雨害裂果

甜樱桃在成熟期如果没有降雨，一般不会发生裂果。如果在成熟期遇到降雨，则极易发生裂果现象。果实一旦发生裂果，则失去商品价值。

1. 甜樱桃成熟期裂果的原因　甜樱桃成熟期，果实膨大基本结束，果个大小基本稳定，果皮发育基本完成，此期如果遇到降雨或者在干旱的情况下进行果园浇水，使土壤湿度变化过大，因果肉组织细胞吸水膨胀，而果皮细胞基本停止分裂，果肉细胞膨胀后将果皮胀破而发生裂果。

2. 甜樱桃成熟期遇雨或因浇水发生裂果与品种之间的关系　甜樱桃成熟期因浇水或降雨使土壤水分剧烈变化而发生裂

果的现象与品种有关。试验观察表明，因以上条件不抗裂果的品种有红灯、艳阳、宾库、友谊等，较抗裂果的品种有萨米脱、雷尼、美早、桑提娜等，高抗裂果的品种有拉宾斯、砂蜜豆、斯帕克里等，抗裂果的品种有先锋、斯坦拉、早生凡、黑兰特、黑珍珠等。

3. 甜樱桃成熟期裂果与土壤水分管理的关系　在甜樱桃果实生长发育期，营养供应充足协调、土壤水分供应充足稳定的果园，成熟期遇雨裂果较轻，反之则裂果较重。

在甜樱桃果实生长发育期天气比较干旱但没有进行果园浇水，到果实第二速长期为使果实快速膨大而进行果园浇水，因突击浇水使土壤含水量在短时期内大起大落，易导致裂果现象。

在甜樱桃果实第二速长期（成熟期）天气突然降雨，尤其是在前期土壤干旱缺水的情况下，极易引起果实裂果。

4. 预防甜樱桃成熟期裂果的措施

（1）建园时选择抗裂果的品种。

（2）加强果园水分管理，确保果实生长发育期充足稳定的水分供应。切忌土壤水分大起大落、忽多忽少。

（3）果园树盘覆草，改善土壤小气候，稳定土壤湿度。

（4）地下增施硅肥，树上喷施天达钙或肽圣，提高果实的发育水平和表皮细胞的硅实化程度，增强果实的抗逆性。

（5）有条件的果园设立避雨棚（图 3-4～图 3-6），以遮挡雨水，防止裂果。

图 3-4　塑料固定式

图 3-5　篷布收缩式

图 3-6　三线固定式

十五、怕枝干、根颈腐烂

引起甜樱桃主干、大枝、根颈腐烂的病害主要有干腐病、烂皮病和根颈腐烂病。以上病害的病原侵染皮层后,一旦在皮层组织上形成病斑,其病疤一般不易愈合,可造成树势衰弱,并逐渐导致死枝、死树，对生产危害极大，必须及时进行防治。

1. 干腐病 干腐病多发生在主干和大枝上。发病前病部皮层微肿、坚硬、湿润，常有茶褐色黏液渗出（俗称"冒油"）。发病后期，病斑干缩凹陷，周缘开裂，病斑上密生小黑点（病原菌的分生孢子器）。

2. 烂皮病 烂皮病多发生在主干及大枝杈处，病斑为水渍状，纵向发展很快，病皮易腐烂、剥离。

3. 根颈腐烂病 该病发生在根颈及大根基部附近。初发病时，扒开根颈则发现根颈处皮层水渍状、黑褐色、粗糙坚硬，说明根颈已被病菌侵害并开始发病，当8、9月发现树体上叶片变为茶褐色且叶片上的色泽深浅不一时，扒开根颈会看到根颈皮已经腐烂，严重的则扩展到大根，使大根基部皮层腐烂。此病害为土传病害，果园内一旦发生根颈腐烂病，须及时防治。如果防治不及时，因病菌传播速度快，极易造成死树。

4. 干腐病、烂皮病、根颈腐烂病致病原因 以上3种病害均为真菌病害，树体带菌是普遍现象。当果园投入不足、树体结果过多、发生雨季涝害、叶片早期落叶、枝干害虫严重等因素导致树体衰弱，抗病能力降低后，在树体潜伏的病菌则乘机侵入皮层活组织并迅速扩展形成病斑，导致皮层腐烂而发病。

5. 综合防治措施

（1）加强果园土、肥、水管理，提高树体营养水平，加强病虫害的综合防治，严防早期落叶病的发生，确保树体健壮生长发育。

（2）冬前树干涂白，可防冻、防腐、防虫。白涤剂配方为生石灰∶施纳宁（45%代森铵水剂）∶食盐∶硫磺∶水＝10∶1∶0.5∶1∶40。

（3）发芽前，树体喷布100倍施纳宁＋天达-2116，铲除越冬菌源。

（4）刮除病斑，并涂抹 20 倍施纳宁＋天达-2116 消毒杀菌。

（5）晚春和早秋扒土检查根茎，发现有根颈腐烂病，用4 000倍 99％噁霉灵＋200 倍施纳宁灌注杀菌。

（6）对因根颈腐烂病造成的死树，要及时彻底清除出果园。同时用 200 倍施纳宁灌注土壤杀菌消毒，以防病菌传播。

十六、怕短枝枯死

甜樱桃树体上的短果枝和花束状果枝是最主要的结果枝类型，它们在树体上数量的多少和发育的好坏决定着树体生产结果性能的高低。在果园综合管理水平较高、树体发育健壮的情况下，短果枝和花束状果枝质优，寿命长，连续结果能力强，结果寿命一般可达 7～10 年，甚至更长。但是，如果果园管理粗放，导致树体发育不良，短果枝和花束状果枝极易在结果后枯死，在冠内形成许多"大光腿"枝，使结果部位外移而严重影响树体的生产能力。因此，保证短果枝和花束状果枝健壮、长寿和连续结果是甜樱桃树体管理的关键内容。

1. 甜樱桃短果枝和花束状果枝极易枯死的主要原因

（1）果园投入不足，果树营养不良，树体衰弱，导致短果枝和花束状果枝营养缺失而枯死。

（2）树体上大枝过多，密生拥挤，导致树体上强和外强，使树冠郁闭，光照条件严重恶化，造成内膛枝叶处于营养寄生状态而很快枯死。

（3）树冠饱和，大枝较直立，受光照和枝条生长极性的影响，外围生长强旺，下部生长衰弱，枝条生长出现严重的"长前撂后"现象，导致中后部的大量短果枝和花束状果枝加快枯死。

2. 促进产生优质短果枝和花束状果枝的主要措施

（1）加强果园土、肥、水管理，加大果园投入，提高树体营养水平，确保树体健壮生长发育，以促生大量优质短果枝和花束状果枝。

（2）疏除树冠上部密生的强旺大枝，控制树体上强，解决"上光"，促进树体中下部枝条的生长发育，形成优质短果枝和花束状果枝。

（3）对较直立的侧生大枝，拉枝开角，缓外养内，同时还能较好地改善"侧光"，从而促进短果枝和花束状果枝的健壮生长发育。

（4）对侧生大枝疏除外围多头旺枝，减缓生长极性，抑上促后，促进中后部枝条的生长发育，形成优质短果枝和花束状果枝。

十七、怕树体伤口流胶

流胶病是甜樱桃树上最常见的病害之一。患病树自春季开始，在枝干伤口处以及枝杈夹皮死组织处溢泌树胶。伤口流胶后，病部稍肿，皮层及木质部变褐腐朽，腐生其他杂菌，导致树势日渐衰弱，严重时枝干枯死。

1. 流胶病发病特点　流胶病的发病机理还不清楚，目前普遍认为是一种生理性病害，也有观点认为是真菌和细菌侵染性病害，其发病主要特点如下：

①树势差异。树势健旺发病轻，树势偏弱或虚旺的发病重。

②伤口差异。树体上无伤口的或伤口少的发病轻，伤口多的发病重。

③土壤差异。土壤松软、通气性好的果园发病轻，土壤紧实、通气性不良的果园发病重。

④雨水差异。降雨少的年份发病轻，降雨多的年份发病重。

⑤积水差异。土壤不积水的果园发病轻，积水的果园发

病重。

⑥施肥差异。配方施肥的果园发病轻，偏施氮肥的果园发病重。

⑦病虫防治差异。果园病虫害综合防治好、无枝干病虫害的发病轻，果园病虫害防治不利、枝干病虫害发生重的发病重。

2. 流胶病的防治方法

（1）增施有机肥料，实行配方施肥，避免多施氮肥，保持中庸、健壮的树势，提高树体的抗病能力。

（2）尽量避免在树体上造成机械损伤，尤其在修剪上，加强拉枝开角、绑枝，尽量少造成伤口。对流胶出现的较大伤口，及时用绿云伤口保护剂涂抹伤口。

（3）黏土地果园加强土壤改良和增施有机肥，提高土壤的通气性和土壤肥力水平。

（4）防旱、防涝，保持土壤水分的稳定供应，雨后或浇水后及时中耕松土，提高土壤的通气性，以健壮树势、提高树体抗病能力。

（5）冬前树干涂白，可防冻、防虫、防日灼，保护树体。

（6）加强做好病虫害综合防治，尤其要加强枝干和叶片病虫害的防治，严防枝干病虫害的发生和保护叶片不发生提前早落，以健壮树势。

（7）对已发病枝干上的流胶病斑及时进行彻底刮除，伤口用天达-2116＋99％噁霉灵或用石灰：施纳宁：食盐：植物油＝10：1：2：0.3再加适量水调制成的保护剂涂抹。

美国康奈尔大学针对流胶病也提出了防治措施：

（1）延迟修剪或采果后在7月份修剪。

（2）落果后开花前喷4次含铜杀菌剂，时间为20％叶落、90％叶落、早春萌芽时和修剪后。

（3）修剪时留橛修剪，不平剪。

十八、怕枝干害虫

相对于其他果树而言，甜樱桃枝干害虫发生比较严重。在甜樱桃果园内时常可以看到因被枝干害虫为害而造成甜樱桃树势衰弱、树体残缺不全甚至整株树死亡的现象。因此，在甜樱桃园管理过程中，必须及时做好枝干害虫防治，确保树体不受或少受侵害。

甜樱桃枝干害虫主要有红颈天牛、苹果透翅蛾、金缘吉丁虫、桑白蚧等。

1. 红颈天牛 红颈天牛以幼虫蛀食枝干，引起枝干流胶，削弱树势。严重时造成大枝甚至整株树死亡。

（1）发生规律。红颈天牛 2～3 年发生一代，幼虫在蛀虫孔道内越冬。老熟幼虫在蛀道内化蛹，7 月上旬至 8 月成虫羽化出洞，交尾产卵，卵多产于近地面 33 厘米范围的主干和主枝基部的翘皮裂缝中，并很快孵化出幼虫。幼虫当年只在树皮下蛀食为害，第二年开始蛀入木质部。在木质部幼虫每蛀入到一定的深度就横向向外蛀食一排粪孔，将锯末状的红褐色虫粪从排粪孔排出蛀道。

（2）防治措施。

①在发现有新鲜虫粪处，及时用利器挖开虫道，将幼虫挖出消灭。

②在有新鲜虫粪的排粪孔处插入蘸有高浓度杀虫剂的枝条毒杀虫道内的幼虫，或用棉絮蘸农药堵死排粪孔虫道。也可用注射器从排粪孔注入高浓度的农药，以杀灭虫道中的害虫。

③成虫有中午静伏于枝干上的通性，在 7～8 月注意观察树的枝干，发现成虫及时进行人工捕捉杀灭，防止成虫产卵于枝干上。

④在 7 月上旬，进行主干和大枝涂白，阻止成虫产卵于枝干上。

⑤树里虫子树外治，在天牛成虫出树时及时用540克/升45％毒死蜱微囊悬浮剂1 500倍液＋天达有机硅全树喷药杀灭成虫和幼虫，5～7天喷1次，连喷3次。

2. 苹果透翅蛾　苹果透翅蛾以幼虫在枝干皮层蛀食为害，蛀道内充满赤褐色液体，有时外流，蛀孔处堆积赤褐色细小粪粒，被害处流胶，粪胶混合在一起。被害处虫道成片，极不规则，造成树势衰弱。

（1）发生规律。苹果透翅蛾1年发生1代。幼虫在被害部皮层下做薄茧越冬，来年春季果树萌动后继续蛀害皮层，5月下旬老熟幼虫在被害处做茧化蛹，6～7月羽化成虫，成虫咬破表皮爬出并将蛹皮一半带出羽化孔。成虫交尾后产卵，卵产在枝干伤疤和粗皮裂缝间，7月孵化，幼虫钻入枝干皮层为害，10月后，幼虫停止取食，结茧过冬。

（2）防治措施。

①结合刮树皮或见有虫粪排出和赤褐色液体外流时，人工挖除幼虫，同时在虫疤处涂抹10～20倍施纳宁＋10～20倍农地乐（52.25％氯氰·毒死蜱乳油），年中涂药2次，发芽前一次，9月1次。

②羽化成虫时（6～7月），结合树上喷药混加高效氯氟氰菊酯和有机硅全树淋洗或喷药，尤其要注意枝干着药，以杀灭成虫和初孵幼虫。

3. 金缘吉丁虫　金缘吉丁虫以幼虫蛀食树干皮层，破坏树体输导组织，造成树势衰弱，枝条枯死，缩短树体寿命。

（1）发生规律。金缘吉丁虫在山东1年发生1代，以大龄幼虫在皮层虫道内越冬。翌年早春越冬幼虫继续在皮层内串食为害，5～6月化蛹，6月至8月上旬羽化成虫，交尾产卵于树干或大枝粗皮裂缝中，以阳面居多。卵期10～15天，孵化出来的低龄幼虫很快蛀入树皮中为害，随虫体逐渐长大，幼虫深入到树皮和木质部之间串食为害，并在此越冬。幼虫虫粪粒细，并与胶液混合，塞满蛀道。

（2）防治措施。

①发芽前清除田间被害死枝、死树和树体上严重流胶的虫枝，消灭越冬幼虫。

②5～6月用杀虫剂高效氯氟氰菊酯＋天达有机硅喷涂树干，10天1次，连用2次，封闭杀灭羽化的成虫。

③8月在被害枝干上涂抹高浓度杀虫剂，杀灭低龄幼虫。

4. 桑白蚧　桑白蚧是甜樱桃园常发的重要枝干害虫，以雌成虫和幼虫在枝干上群聚固定刺吸树体汁液为害果树。发生严重时，灰白色的虫体介壳重叠密布在枝干上，引起树势衰弱，花果质量不好，严重时出现枝条萎缩干枯，以致整株树死亡，对生产危害极大。

（1）发生规律。桑白蚧一般1年发生两代，以受精的雌成虫在枝干被害部位越冬，越冬介壳下有一橘红色的小虫体，萌芽时开始活动。4月下旬至5月上旬产卵于母体内部。5月中下旬为幼虫孵化盛期，此期是防治的关键时期。初孵幼虫爬出母体后，到适当部位定居取食，足失去作用后则不再爬动，6～7天后，幼虫分泌出蜡状物覆盖于虫体上，6月中旬逐渐形成灰白色蜡状介壳。二代成虫盛期为7～8月，10月中旬成熟交尾越冬。

（2）防治措施。

①人工刷杀。在甜樱桃休眠期，对桑白蚧危害重、虫密度大、虫体成堆的枝干用较硬的刷子进行人工刷杀，消灭越冬成虫。此项措施经济有效，消灭一个雌成虫相当于在生长期消灭上百个幼虫。措施到位，事半功倍。

②发芽前枝干期喷药。发芽前用100倍施纳宁普喷干枝，既可防治桑白蚧，又可兼治其他病虫害。

③树上喷药严防一代初孵幼虫，于5月中下旬树上喷布1 000倍10％吡虫啉可湿性粉剂加5 000倍有机天达硅，或

1 000倍2.5%高效氟氯氰菊酯乳油加5 000倍天达有机硅。喷药时实行树淋洗式喷布,尤其注重枝干着药,以提高防效。

④桑白蚧发生严重的,还要加强对二代成虫爬迁期的树上喷药防治。

十九、怕树冠郁闭

树冠郁闭是修剪管理的问题。导致树冠郁闭的主要原因:一是树体高大,二是长势过旺,三是大枝过多拥挤,四是树体上强或外强,五是大枝角度直立。这些原因必须通过科学合理地调整树体结构来解决。

1. 甜樱桃的生长特性与修剪的关系

(1)萌芽率高、成枝力强、生长量大、扩冠快,有利于早结果、早丰产。因此,修剪上应采用轻剪、复剪为主,促控结合,迅速扩大树冠,促进花芽形成及早结果。

(2)芽具有早熟性。生长季节可以利用摘心、扭梢等夏剪措施,加速整形,促进花芽的形成和结果枝组的培养。

(3)生长极性强,枝条两极分化十分明显,外围长枝顶部抽生多个长枝,形成"三杈枝""四杈枝""五杈枝"等,而其下部绝大多数为短枝。如果不加控制,前面拉力大,后部的短枝会很快衰亡枯死形成"长前撂后",出现较长的光秃带。因此,缓和极性生长、减轻顶端(前部)的拉力,保护好中下部短枝,是甜樱桃修剪管理过程中极其重要的任务。

(4)对光照条件的要求高。在大枝密挤、外围强旺、冠内通风透光条件差的情况下,内膛小枝和枝组很易枯死。因此,减少外围数量、缓和先端长势和改善冠内光照,是提高冠内枝条实量和延长内膛枝组寿命的最主要途径。

(5)伤口愈合能力弱,且伤口易流胶而使树体衰弱。因此,修剪时,尽量要少造成伤口,尤其是大伤口。必疏大枝时，要注意疏枝的时间和方法，以利伤口的愈合，并注意对修剪工具消毒。

（6）幼树长枝分枝角小，易形成"夹皮枝"。"夹皮枝"易劈裂，造成流胶，不易选做主枝。

（7）木质部导管较粗大，休眠期修剪早，剪锯口失水干枯，影响剪锯下枝、芽的生长，因此，最好在萌芽前进行修剪。

2. 甜樱桃的主要丰产树形　甜樱桃的树体结构要求为低干矮冠、骨干枝级次少、结果枝多、主枝角度大。主要树形有自由纺锤形、改良纺锤形、自然开心形、小冠疏层形等。

3. 甜樱桃在整形管理中亟待解决的几个技术问题　幼树甜樱桃萌发率高，成枝力强，生长量大，扩冠快，有利于早结果。因此，新植甜樱桃园必须坚持整形、结果两不误。

（1）修剪原则。定植当年促枝，第二年促旺，第三年促壮，第四年稳势，第五年大量结果。

（2）修剪管理技术。定植当年，根据苗木高度留 60～100 厘米，在饱满芽处短截定干。同时，自上而下保留剪口芽，刻除第二、三、四芽，再下部的芽按不同方位错落进行刻芽促枝。当年秋天对生长较直立的侧生新梢捋拿软化枝条基部附近，加大基角角度。

第二年春季，对中干延长枝和选定的侧枝骨干枝留极长的一半中截，促使其旺长。竞争枝短截重新生长。中干延长枝自上而下保留第一芽，刻除第二、三、四芽，再下部在不同方位刻芽促枝，刻 3～4 个芽。对侧生骨干枝刻除剪口芽附近的背上芽，抑制竞争枝生长。秋季，对中心干上发生较旺而较直立的侧生枝捋拿基部，加大基角角度。

第三年春季，对树体上发生的竞争枝一般要疏除或极重短截，对中心干延长枝中截，对侧生骨干枝轻截长放，其余枝条一律缓放不剪。对所有较长的枝条拉枝开角至 90°左右，拉枝时，对骨干角度可小一点，辅养枝的角度可拉大一点，以缓和外围长势，促壮后部短枝。夏季对背上发生的直立旺梢，在枝长达 25 厘米以上时留 15 厘米左右短截，再旺长再截，侧生新梢 25～30 厘米时摘心。秋季，对中干上的旺长新梢捋拿软化加大基角开张角度，对外围枝头上翘的骨干枝进行二次拉枝，将前部拉平，以缓和长势。

第四年，树体上有少量结果，所有的修剪管理技术都是为了健壮树体、稳定树势、促壮短枝来进行，春季疏除树体上发生的竞争枝，对全树枝条进行缓放，对角度较小的骨干枝通过拉枝调整到适宜的角度。对中心干上的一年生枝，疏除第二芽发出的竞争枝，其余枝条全部拉到水平。夏季剪除背上萌发的新梢，密挤的及时疏除，不密但旺长的重截控长促花，对在骨干枝上发生的营养枝达到了 30 厘米左右时摘心，以抑制旺长，增加营养积累，促进花芽分化发育。秋季对疏上的梢头继续拉梢缓势，从而实现壮树、稳势、健壮短枝和促花的管理目的。

第五年，以疏缓为主，拉枝开角，减缓极性，缓外养内，严防枝条"长前撂后"。幼树以健壮、稳定和着生大量短果枝的树相开花结果。

根据甜樱桃极性强，枝条两极分化十分明显，长枝顶部易抽生多个长枝，而中后部大多数为短枝的生长习性，和外部长枝生长势强、生长拉力大的生长特点，如任其自然生长，一会造成外围枝条密挤，导致内膛光照恶化，二会导致中后部短枝迅速衰亡枯死，呈现"长前撂后"、后部光秃的生长现象。结合短枝又是甜樱桃最主要的结果枝之一，在修剪管理中必须坚持缓和极性生长，减轻前部拉力，保护和促壮中后部短枝的技术要求进行合理修剪。

4. 主要修剪技术

（1）不管大枝还是小一点的枝，对枝的前部采取以疏为主的方法来减少外围长枝数量，以削弱极性，抑前促后，促壮后部短枝。

（2）对外围新梢甩放不剪，以缓和极性、缓外养内、促壮后部短枝。

（3）拉枝开大角，变直立为平展，以减缓极性抑前（上）促后（下）壮后部短枝。

（4）对于枝条密挤的大树可通过疏除个别大枝改善通风透光条件，促壮内膛枝条。

总之，通过疏外、疏密、缓放、开角，使树体枝条疏密适宜，通风透光良好，即可达到稳定树势、防止"长前摞后"和促壮内膛的管理目的。

5. 改善通风透光条件，防止树冠郁闭　根据甜樱桃对光照要求高的特性，在修剪管理中必须从改善通风透光条件入手落实好修剪措施。当前造成树冠郁闭、内膛小枝大量枯死的原因，主要是由于树体上大枝过多、上强下弱、外强内弱、大枝直立、大枝直立和树冠过高的树体结构不合理。防止树冠郁闭，改善通风透光条件，可实现优质丰产的管理目的。

（1）树体上大枝过多、过密的控制措施很简单，就是疏除个别大枝的问题。要想疏除，就一定要舍得，否则，无法解决大枝过多、过密而内膛空虚的树体状况。

由于在幼树时期为了早成形、早结果、早丰产，采用了多留枝的管理技术，这是无可非议的。但是树体长大后，又没有及时进行调整，就导致了树体上大枝过多、拥挤密生的树体状况。在大枝过多、过密的条件下，由于极性和光照的作用，致使树冠外部新梢密挤、旺长和生长拉力过大，导致冠内通风透光条件恶化、内膛枝条衰亡枯死、结果部位外移和表面结果。因此，必须通过疏枝来调整冠内大枝的密度，以改善通风透光条件，实现优质、丰产。

（2）调整大枝密度可获得以下效果：

一可较好地解决大枝过多、过密、拥挤现象，为小枝生长提供较大的空间，促进小枝生长发育。俗话说"大枝多了小枝少，结果的地方没处找"，道理就是如此。

二可较好地解决"侧光"，改善冠内通风透光条件。

三可促进内膛枝条健壮生长发育和光秃枝段重发新枝，实现立体结果。

（3）调整树冠内过密大枝时必须做到以下几点：

一是必须舍得。要充分理解果树具有多年生、长期性和经济效益连续性的特点，必须具备长远思想，该调整就调整，不得犹豫。

二是仔细观察树体上大枝的生长状况和位置状况对全树的影响，全方位来考虑，使树体结构调整更科学、更合理，做到"牵一发而动全身"的效果。

三是考虑要疏除的大枝是否对树体结构影响最重，是否可以解放一大片，是否能较好地改善树体的通风透光条件。

四是一年不能同时疏枝过多，必须择要处理。如需多去枝可逐年分期进行，避免一次性大砍大杀，以防削弱树势。

五是疏枝时最好在采果以后进行。疏枝要做到：基部下留桩、伤口不朝天、伤面要修平，伤口要涂抹愈合剂，以使伤口及早愈合。

六是疏掉有关大枝后，该位置留下较大的空间，可对其上下左右的较大枝条用拉枝的方法调整枝的角度和方位，如重叠枝可采用上下拉大距离，并且向左右分开，这不但充分地利用了空间，还能较好地改善光照条件，促进花芽分化和提高花芽质量。

七是调整过密大枝后的树冠，在冬剪时以疏为主做好清头修剪，以减缓外围枝的生长拉力，促后部枝条健壮发育。

6. 树体上强下弱的控制调整措施

（1）树体上强，最易导致树冠郁闭，通风透光条件恶化，使树冠内膛枝条生长衰弱而降低生产能力。因此在修剪管理中必须注意控制，调整解决树体上强下弱问题，以保证树体上下长势均衡，提高结果能力。

分析各种上强下弱树冠，均表现为在树体的上部由于轻剪多留的原因，出现较粗的枝，这些枝由于极性的作用，越长越旺，越长越大，越长越长，最后导致树冠上强。

（2）对上强下弱的控制改造方法。对树冠上部的较大枝条进行综合分析，选择对树体结构影响最大的、挡光最严重的、生长偏旺的、枝轴较粗的、体积较大的枝进行一次性疏除，以解决"上光"，复壮内膛。这个方法的好处是：既控制了上强，又调整了树体结构，起到了改善光照、促进下部枝复壮的作用。

7. 树体外强内弱的控制调整措施　树体外强内弱的树，一般均发生树冠郁闭现象，从而严重影响果园优质、丰产、稳产的能力。因此，必须对其进行控制调整，以改善冠内的通风透光条件，稳定外围长势，促壮内膛枝条，实现树体长势中庸、稳定、健壮。

（1）外强内弱树的主要表现：

一是树体上大枝过多、过密、过粗，拥挤不堪。

二是外围新梢生长强旺，齐头并进，密而丛生。

三是冠内通风透光条件严重恶化，内膛枝条极度衰弱甚至衰亡枯死。

四是树体上的大枝侧生枝过大、过多，并且大枝中后部多光秃，成为"大光枝"。

五是树体上的大枝没有层间距，或者层间距太小，上下大枝重叠严重。

六是树冠表现表面结果。

七是树体上大枝开角太小。

（2）外强内弱树的控制调整措施如下：

①疏除树体上过于低的群枝，抬高树干高度。

②疏除树干中部以上严重影响树体结构和通风透光条件的过大、过粗、过于拥挤的个别大枝。

③疏除大枝上多年生的拥挤侧枝，保持单轴延伸。

④对严重光秃的枝（分枝、小枝过少）进行疏除，让发育好的、枝条较多的枝生长。

⑤开角较小的树在调整大枝后，注意拉枝开大角，缓外养内，促壮内膛。

⑥外围多头旺枝，以疏为主，减少数量，抑外促内，增光促壮，从而实现内外生长均衡，达到丰产、稳产、优质的管理目的。

（3）树体上直立生长的大枝对树体的影响。甜樱桃极性强，再加上枝条直立，这使较直立生长的枝条极性更强。因此，较直立生长的大枝在树体上均表现生长强旺，严重扰乱树体结构，轻者影响通风透光条件，重着造成树冠郁闭。可以说直立大枝在树体上百害而无一利。

直立大枝在树冠内出现，对树体的影响是多方面的：与中心干竞争生长空间而严重影响中心干和中心干上侧生结果枝的生长发育；造成直立大枝周围邻近的枝发育不良而丧失结果能力；造成树冠上强下弱，严重破坏树体结构的平衡；造成双主干的树形，使冠内大枝难以开张角度，树枝抱头生长，导致内膛通风透光条件严重恶化，外围旺长，内膛空虚，表面结果，失去优质、丰产的能力。

（4）对树体上直立大枝的处理措施。如果直立大枝着生在树冠内部，则从基部一次性彻底疏除即可。如果直立大枝着生在树冠的一侧，应考虑两种处理方法。一种方法是将中心干与直立大枝比较，根据长势情况，酌情留一去一。另一种方法是将侧生大枝在背后用连续割 3～5 锯的方法拉开，角度越大越好；如果直立大枝太粗，拉不开，亦可在背上锯一口，将其劈裂，压低到近水平左右，在地上适当位置立桩将拉下的大枝顶牢固定，以备结果。

（5）树冠过高的控制措施如下：

①树冠过高对甜樱桃果树的生长发育和生产管理的影响是比较大的，特别是对于像甜樱桃这样的小型果树来说，树冠过于高大带来的不利影响更严重一些。

一是易造成全园群体和个体树冠郁闭，使通风透光条件严重恶化，影响优质丰产。

二是易引起树冠上强下弱，严重影响树体结构的平衡。

三是易引起内膛枝条衰亡枯死，造成枝干中后部光秃无枝。

四是树体水分、养分运输距离过长，影响树体的生长发育。

五是果实采收困难，管理作业困难。

②树冠过高形成原因：

一是在盛果期前，为了快速扩大树冠，树体上部过旺，枝条留的过多、过大，引起上部旺长加速，从而导致树冠过高。

二是刚进入大量结果期，全园就出现行间枝条封行，株间树枝交叉而发生郁闭现象，使树体加剧增高现象，导致树冠过高。

三是在大量结果后的树冠维持阶段，由于修剪管理失误，致使树冠不断地扩大、升高，造成树冠过高。

四是施肥以化肥为主，特别是以氮肥当家，易造成营养失调，刺激营养生长加剧，导致树冠过高。

五是由于上部过粗、过大、过密留枝，并在极性的强烈作用下，上部旺长，导致树冠过高。

③对树冠过高的控制措施。初后果期，在整形修剪时，严格控制上部过强、过粗、较直立旺长的枝，以防强枝加极性促进旺长，树冠快速增高；对新留的上部枝条角度开张至水平以

下，以削弱极性，抑制旺长，从而减缓树体增高速度。

树冠高度一般控制在 4 米左右，按照这一高度，根据树体生长状况，应及时对树体落头摘，以控制树高。

对现有已经发生树冠过高的树，多表现为上强下弱，树体上部留枝过密，多个大枝生长。控制时，首先有选择性地疏除树体上部的过粗大枝或较直立的强旺大枝；其次拉平其他侧生枝；最后控制密生枝和多权枝，使其单轴延伸。从而抑上促下，使树体逐渐达到平衡。

疏除大枝最好在采收后进行，并要及时保护伤口。

二十、怕投入太少

1. 甜樱桃的经济特点　甜樱桃是高效果树树种，生产特点是高投入、高产出、高效益。

甜樱桃同样具有果树生长发育的多年性、生命周期的长期性和经济高效益的延续性等特征。生长发育状况不仅对当年树体有较大的影响，而且对以后几年的影响作用更大。

甜樱桃是高效果树，它可以帮助农民致富，但是它帮富不帮穷，帮高不帮低（投入），帮勤不帮懒。

2. 甜樱桃栽培始终显不出高效特点的原因　认识上的偏差是最主要的原因。对为什么要栽培甜樱桃，果农的一般认识是：因为甜樱桃管理简单，投入少，省工、省力，不太用打药，就干半年的活，但是效益可观。因此，从规划建园到后期的果园管理，就没有做好科学、周密的计划。由于甜樱桃生长期长，开花结果晚，果园管理者在前期管理上忽视果园生产投入，肥料施入不充分全面，水分供应不足，导致树体营养严重亏缺，树体生长发育不良，未进入结果期就变成了小老树，甚至出现大量死亡等现象。

3. 生产管理上的偏差　其主要表现如下：由于对甜樱桃生长发育的周期性、长期性和连续性 3 个特征认识不足，导致生产管理上的不用心、不舍得、不科学。

根据甜樱桃的生长发育特点，与苹果相比，对技术管理措施的落实，在时间性上要求更准确一些。也就是说错过了时间，技术效果往往不理想。

与苹果相比，甜樱桃在生长发育过程中，更易受不良环境的影响而减产、减收。因此，在管理上对甜樱桃各物候期内各项措施不但不能随便忽视，而且应不失时机地全方位落实。

甜樱桃从开花到结果采收仅半年左右的时间，因此，在管理上只注重上半年的管理，而忽视甚至放弃下半年的管理，就给甜樱桃的生产带来严重的不利影响。下半年的无果管理是为明年上半年的开花结果打基础的。基础打不牢，就无法获得高的经济效益。为什么一年一作的农作物要从春管到秋呢？这一点农民都知道，原因是为了秋天的收获。前期管不好，秋天就没有好收成。对于甜樱桃来说，下半年的管理是为了明年上半年的效益，那么为什么不能做好下半年的无果管理呢？

4. 发展甜樱桃的效益　可以肯定地说，甜樱桃为高效果树树种，生产效益很高，以近几年的价格来说，按照亩产500～1 500千克、单价20～30元/千克计算，亩收入2万～3万元是较容易做到的。

要获得甜樱桃生产管理的高效益，必须做到：

投入观念：舍得——天下智慧皆舍得，做好事业皆舍得，要想发财皆舍得，利用土地挣钱也得舍得，甜樱桃要高效生产更得舍得。在管理甜樱桃上要舍得投入，舍得管理，舍得技术，舍得时间，舍得解决不利于生长发育的各种因素。

保证措施：到位——科技投入到位，农资投入到位，管理措施投入到位。

产品特点：优质——色泽艳丽，好看；含糖量高、好吃；果个更大，好卖。

　　要获得高效益，投入是基础。通过全方位的投入，过好甜樱桃生长发育过程中的每一关——开花关、着果关、膨大关、成花关、保叶关、壮树关，解决影响甜樱桃健壮生长发育的"二十怕"，才能获得优质、丰产、高效。

第四章 综合治理"二十怕"，实现甜樱桃优质丰产

如何全方位地做好甜樱桃园的综合管理，过关斩将解决"二十怕"，实现优质、丰产？下面就综合说明甜樱桃园的综合治理周年管理技术。

一、发芽前科学修剪

1. 修剪原则

幼树：整形结果相结合，夏冬修剪相结合，实现早结果、早丰产。

成龄树：以疏缓为主、调整树体结构，防郁闭、调光照、减极性、防"长前摞后"；促壮树、壮内膛、健短枝、保优质丰产。

2. 幼树修剪

总要求：定植当年促枝、第二年促旺、第三年促壮、第四年稳势、第五年大量结果。

定植当年：苗木定干，定干高度 60～100 厘米；定干后，保留剪口下第一芽，刻除剪口下第二、三、四芽；再下部的芽按不同方位错落进行刻芽促枝；秋天对生长较脆的新梢捋拿软化基部附近，使基角开张。

第二年：对中干延长枝留枝长的 2/3 短截，对侧生骨干枝留枝长的一半短截；中干延长枝保留剪口下的第一芽，刻除第二、三、四芽，再下部的芽隔三差五在不同方位刻芽促枝；对侧生骨干枝刻除剪口下第二芽（背上芽，易形成竞争枝），秋

天对中心干上发生较强旺、直立的枝条捋拿软化，加大基角开张。

第三年：极重短截控制竞争枝；中心延长枝中截，侧生骨干枝长枝轻截；树液流动后，全树枝条拉枝开角至水平左右；夏季对背上萌发的密挤的旺枝疏除，不密的重截促花，对较旺长的侧生枝临时摘心；秋季，对中心干上萌发的较直立的枝条开张基角，对已拉的枝头又反上生长的枝拉梢缓势。

第四年：疏除发生的竞争枝；全树实行缓放修剪技术；角度达不到水平的调整到90°左右；夏季背上萌发的新梢疏密，不密但旺长短枝控长促花，其他营养枝摘心；秋季对枝头上的枝拉梢缓势。

第五年：实现大量开花和结果。表现树势稳定、中庸，短枝健壮，达到丰产树标准。

3. 成龄树修剪

修剪原则：以疏缓为主，拉枝开角，减缓极性，缓外养内，严防枝条前旺后弱、"长前撅后"。

修剪方法：

①疏外围多杈或多头旺枝，削弱极性、抑前促后，健壮骨干短枝。

②疏密后，外用缓放不剪、缓和极性、缓外养内，促壮后部短枝。

③拉枝开大角，变直立为开展，减缓极性、抑前促后，健壮后部短枝。

④疏除个别密挤大枝，改善通风透光条件，健壮内膛短枝。

就是通过疏外（旺）、疏密、缓放、开角的方法，使树体上的枝条疏密适宜，通风透光条件良好，从而达到树势稳定、中庸、健壮，短枝长寿的树相。

二、改善通风透光条件，防止树冠郁闭

1. 影响通风透光条件，造成树冠郁闭的主要表现 树体上大枝过多、过密，树冠上强下弱、外强内弱，树体上大枝直立，树冠过高。修剪中必须切实解决以上问题。

2. 解决方法

（1）树体上大枝过多、过密的控制调整措施。择要疏除严重影响光照的有关大枝。

（2）树体上强下弱的控制调整措施。疏除树冠中上部对树体结构影响最大的、挡光最严重的、生长偏旺的、抽枝较粗的、体积较大的枝，以解决"上光"复壮内膛。这样，调整了结构，改善了光照，促壮了下部，方法简单，效果明显。

（3）树体外强内弱的控制调整措施。疏除主干上低的密挤枝；疏除中干上过大、过粗、过于拥挤密生的个别大枝；疏除树体大枝上过于密生的多年生大侧枝，保持单轴延伸；疏除密生的、严重光秃的枝，让发育较好的枝条生长；疏除外围多头旺枝，抑外养内。从而使"侧光"得到较好的解决，达到促壮内膛的管理目的。

（4）对树体上较直立大枝的处理与改造。如果发生在树冠内部，从基部一次性疏除。如果发生树体的一侧，考虑两种方法，一是如果形成两个中心干可酌情去一留一；二是将较直立的侧生大枝想办法拉开，让其有较大的侧面空间生长以充分利用空间开花结果。

（5）树冠过高的控制措施。初结果期的树，严格控制留用上部生长过强、过粗、较直立旺长的枝，防止树体由于极性的作用而过高旺长；树冠高度一般控制在 4 米左右为好，适时落头开心，控制树高；对现有树冠过高的大树，选择疏除上部过粗、过大、过旺、直立生长的大枝，控制树体过高

生长。

总之，要改善通风透光条件，必须要舍得疏除有关大枝，这是最行之有效的方法。应注意的是疏除大枝最好在采收后进行，并要及时做好伤口保护措施，同时，还应该上拉枝开角，调整较大的角度，这样效果更好。

三、萌芽期管理

萌芽期可实行农药灌根、根颈培土、查治枝干害虫，以促进树体健壮。

1. 农药灌根颈 扒开根颈部位的土壤，露出根颈及大根基部，检查是否发生根颈腐烂病，并采取营养＋防治的策略防治根颈腐烂病。对发生根颈腐烂病较重的园片，所有植株扒开根颈周围土壤，然后用 200 倍施纳宁药液灌注根颈，水渗后再灌 400 倍天达-2116＋99％噁霉灵粉剂 4 000 倍，以提高树体抗病性，防病健树；对已发生根颈腐烂病的树体刮除病皮，然后用 200 倍施纳宁药液灌根颈，水渗后再灌 400 倍天达-2116 或绿云海之灵，以确保不死树，并促进树体健壮生长发育；株灌药水量视树龄、树体大小而异，一般每株灌药 10～30 千克。

2. 根颈周围培土 以树干为中心，培直径 50～60 厘米、高 30 厘米的土堆，培实，以帮助固定树体，防风摇树晃影响生长，这对树龄较小的树尤其重要。

3. 查治枝干病害 检查枝干上的干腐病和腐烂病病斑，一经发现马上刮除，并用 100 倍施纳宁＋天达-2116 涂抹病疤，7～10 天再涂药一次，以杀菌消毒促愈合。

4. 芽萌动期浓药喷干枝 防治枝干病害及桑白蚧、叶螨等。可适用药剂及配方：100 倍施纳宁＋1 500 倍 45％毒死蜱乳油＋5 000 倍天达有机硅。喷药方法：淋洗式喷布树体。

四、花前期管理

花前追肥浇水，实行水肥一体化管理。

1. 目的　补营养、防干旱、促发育。

2. 花前追肥　施氮、磷、钾、锌、钙、镁等多元素配合肥，确保开花坐果、幼果发育和新梢生长的营养供应，推荐每亩施天达根喜欢 2 号 2 桶，或天达根喜欢 1 号＋绿云贝农斯 2 桶。

3. 花前浇水　采用大水漫灌或沟灌、穴灌等方法浇水，以确保水分供应，预防花期干旱、促进营养吸收、保证器官发育，同时还有推迟花期，以避开晚霜危害的作用。

五、露红期至铃铛花期管理

露红期至铃铛花期实行喷药、喷肥、放蜂。

1. 目的　防病害、补营养、提抗逆、防霜冻、保坐果。

2. 喷药　露红期树上喷布 1 000 倍罗克（5％吡唑醇水悬浮剂）＋3 000 倍 3.2％阿维菌素乳油＋1 000 倍农地乐混合药液以防治白粉病、褐斑病、桑白蚧、草履蚧、叶螨、毛虫类、金龟子等病虫害。

3. 喷肥　树上喷布 300 倍天达-2116＋4 000 倍 99％噁霉灵粉剂防霜冻（或 800 倍绿云海之灵＋800 倍绿云肽圣）＋300 倍尿素混合液，或者喷碧护＋硼＋氮混合液，以迅速补充营养，提高器官抗逆性能，提高坐果率。

4. 放蜂　开花前 4～5 天果园释放壁蜂，人工做好蜂巢。亩释放壁蜂 150 头以上。壁蜂授粉，事半功倍，可达到提高坐果率、实现丰产丰收的目的。

六、开花期管理

开花期进行熏烟和人工辅助授粉。

1. 目的　防霜冻、保坐果、保产量。

2. 熏烟　开花期在有霜冻的晚上 10 时左右开始在果园四周点火熏烟，以防霜冻危害。火堆要求无明火，可使用发烟多的木屑可燃物；火堆最好在上风头的地方发烟，以保证烟雾覆盖果园上空；点熏烟要注意防火灾；点熏烟要在晚上 10 时至凌晨 4～5 时，持续不断。

3. 人工辅助授粉　为提高坐果率，在放蜂的同时，花期还应做人工辅助授粉，尤其在不良天气条件下，更应加强人工辅助授粉措施。

七、果实第一速长期管理

果实第一速长期（谢花后至花后 15 天）进行地下追肥、浇水、叶面喷肥和喷药。

1. 目的　补充营养、预防干旱、保果膨大、防治病虫。

2. 地下追肥　硼、锌、钙、镁、钾、磷、氮多营养元素配合使用。推荐每亩施用天达根喜欢 1 号 1 桶＋天达根喜欢 2 号 1 桶，以确保营养供应，促进果实膨大。

3. 浇水　管灌或沟灌、穴灌，严防缺水干旱而影响幼果发育。

4. 叶面喷肥　800 倍天达-2116＋800 倍肽神，或 800 倍绿云海之灵＋800 倍绿云肽圣，以促进幼果快速发育。

5. 树上喷药　800 倍必得利（80％代森锰锌可湿性粉剂）＋600 倍 50％多菌灵可湿性粉剂＋3 000倍 3.2％阿维菌素乳油＋1 000倍 2.5％高效氯氟氰菊酯乳油，防治灰霉病、果腐病、叶斑病、叶螨、月形毛虫、苹果透翅蛾、桑白蚧、蚜虫等病虫害，确保各组织器官健康生长发育。

八、果实硬核期管理

果实硬核期（谢花后 15～25 天）进行浇水、叶面喷肥、地下追肥、新梢摘心、疏截背上旺梢。

1. 目的 保证水分供应、补充树体营养、促进果核发育、预防果实黄落、防止新梢旺长、促进营养积累、减少无效消耗。

2. 果园浇水 严防干旱缺水，保证水分供应，促进果核发育，预防果实"柳黄"落果。在严重干旱的情况下，此期应连浇两遍水。

3. 叶面施肥 800 倍天达-2116＋800 倍天达钙，或 800 倍绿云海之灵＋800 倍绿云肽圣，可快速提高树体营养水平，促进果核发育，预防"柳黄"落果。

4. 地下追肥 推荐每亩施用天达根喜欢 1 号 2 桶，提高土壤供肥能力，促进根系吸收，为果实第二速长期的迅速膨大积蓄能量，同时可以提高果实表面光泽及含糖量。

5. 新梢摘心 当一些侧生梢达 25 厘米以上时，对其进行摘心，可达到防旺长、增营养、促果长、促芽壮的效果。

6. 疏截背上旺梢 背上萌发的新梢多呈徒长状态，当其长到 25 厘米左右时，将其短截（留 2/3 左右），如果背上新梢较密可疏一部分、截一部分，起到节约养分、促果实发育、促花芽形成和减少无效消耗的作用。对背上采取短截措施的新梢所发生的二次、三次生长，应及时坚决控制。

九、果实第二速长期管理

果实第二速长期（谢花后 25～40 天）进行果园浇水和喷肥。

1. 目的 促果实膨大、促果实光亮、防雨后裂果、提高抗逆性。

2. 果园浇水 严防果园干旱缺水，保证水分供应，以促果个快速膨大，促进果实增糖、着色、提亮，减轻雨害裂果。

3. 喷肥 喷布 800 倍天达-2116 或绿云海之灵＋1 000 倍

天达硼，可起到提高抗逆性能，促进果实膨大，促进果实增糖、着色、提亮，减轻雨害裂果的良好作用，从而大大地提高果实的商品性能。

十、采果后管理

采果后 10 天左右进行土壤追肥（月子肥）、叶面追肥、果园浇水。

1. 目的　补充营养、防止干旱，实行水肥一体化管理，可促进花芽分化、提高花芽质量、起到壮芽效果等。

2. 土壤追肥　每亩地下追施天达根喜欢 2 号 1 桶或绿云贝农斯 1 桶，可迅速为土壤补充营养。

3. 叶面喷肥　树上喷布天达-2116＋100 倍尿素，叶面能快速补充营养。

4. 果园浇水　此期易发生干旱，轻旱则无需浇水。如果干旱较严重则应进行补充灌溉，以免影响树体发育和花芽分化质量，同时也能预防双雌蕾花和败育花的形成。

十一、7 月管理

7 月果园进行喷药、排涝。

1. 目的　保护叶片、预防早期落叶、防止雨涝伤树。

2. 树上喷药　喷施戊唑醇（凯歌）、3％多抗霉素或等量式 200 倍波尔多液，杀菌保叶。

3. 排涝　如果雨季提前，要及时做好雨后排水工作，以防发生雨涝。

十二、8 月管理

8 月果园进行喷药、查治根病、排涝、秋施基肥。

1. 目的　保护叶片、预防早期落叶；防治根颈腐烂病，以防发病死树；预防雨涝灾害；促进根系吸收营养、加强树体营养贮备。

2. 树上喷药 喷施戊唑醇、3‰多抗霉素或等量式 200 倍波尔多液，杀菌保叶。

3. 查治根颈腐烂病 扒开根颈部位周围的土壤，检查是否有根颈腐烂病发生。如发现病树及时用 200 倍施纳宁＋400 倍 99%噁霉灵粉剂灌根，杀菌治病保树，确保树体健康生长发育。根颈腐烂病在树上的表现是：发现树叶已发黄时，说明根颈腐烂病已严重发生了，此期防治一般是为期已晚。如果扒开土壤后，发现根颈树皮还有上下连通的好皮，则即可施以上述方法。

4. 排水防涝 雨季已经来临，必须及时做好雨后排水工作，以防涝害发生。

十三、切实做好秋施肥

1. 施肥原则 多施有机肥、少施无机肥；控氮稳磷增钾忌氯，增中微量元素肥，增加菌肥。让果树吃饱、吃好，吃出健康。

2. 施肥做到 量要足，防酸化、防盐渍化、防树旺、防树弱、促树壮。

3. 施肥时期 8、9 月，宁早勿晚。

4. 施肥部位 树冠外围内侧。

5. 施肥方法 穴施或沟施。沟穴深 20 厘米以上。

6. 肥料配方 有机肥（大量）＋氮、磷、钾（控量）＋中微量元素肥（增量忌氯）＋功能菌（添加）。

7. 实用操作配方 每亩 25%天科生物有机肥 240 千克＋天达高钾复混肥（15-5-20）100 千克（硫）＋天科中微量元素肥 20 千克＋天科微生物菌剂 1 袋。

8. 注意事项 土壤 pH≤5.0 的园片，应先改良后施肥。改良方法为每亩撒施土壤调理剂 75～150 千克后，用锄轻划使其与表层土充分混匀。改良后 10～15 天再施基肥。

十四、9 月管理

9 月果园进行排涝、疏大枝、拉枝开角、秋施基肥。

1. 目的　预防雨涝、改善光照、促进光合作用、减缓极性、促进营养贮备以健壮树体。

2. 雨后排涝　继续做好排涝工作,防止雨涝发生,避免造成树体伤害。

3. 疏大枝　严重郁闭果园择要间伐。严重郁闭的树冠,要疏除大枝(带桩疏除)以改善通风透光条件,提高光合效率,促进树体健康发育。疏大枝后,用绿云剪锯口愈合剂涂抹伤口。

4. 拉枝开角　对角度直立的大枝拉枝开角,变直立为平展。对梢头返上的枝拉开梢角,变直立为平展,以缓和长势,同时还改善了通风透光条件。

5. 秋施基肥　对没有施基肥的果园一定要进行秋施基肥。对未秋施基肥或基肥施用量不足的果园,应及时施足基肥,否则会因树体储藏营养不足导致来年树势衰弱,进而影响产量。

十五、10～11 月管理

10 月进行果园浇水,11 月下旬浇好冬水。

1. 目的　防止秋旱、促营养吸收、提高树体贮藏营养水平。

2. 果园浇水　北方秋旱容易发生,并常因秋旱而造成树势衰弱和死枝、死树现象。应视干旱情况,及时进行浇水,以防秋旱发生。11 月下旬浇好冬水。

十六、休眠期管理

在休眠期果园进行深翻扩穴,增施有机肥

1. 目的　改良土壤,培肥地力。

2. 深翻扩穴 对土层浅的果园或耕作层浅的黏土地果园进行深翻扩穴，加深活土层，黏地可掺沙改黏，以提高土壤透气性。

3. 增施有机肥 向果园内土壤埋有机物质，以培肥地力。可结合深翻扩穴一起进行。

第五章 甜樱桃栽培品种及 砧木品种

一、目前生产上推广的优良品种

1. 红灯 原大连市农业科学研究院用那翁和黄玉杂交育成，1973 年命名。在辽宁大连、山东各地及陕西西安等地均有栽培，为目前甜樱桃的主栽品种之一。

红灯为早熟大果型良种，平均单果重 9.6 克，果形为肾形，果柄粗短，果皮红色至紫红色，有光泽，色泽艳丽，外形美观。果肉淡黄色、半软、汁多，酸甜适口，可溶性固形物含量 14%～15%。该品种果个大，核大，离核，肉质肥厚，可食率为 92.9%。果实发育期 40～45 天，在大紫之后成熟。在山东半岛 5 月底至 6 月上旬成熟，在鲁中南地区 5 月中下旬至 6 月初成熟。成熟期不一致，需分期采收。

树势强健，生长强旺，幼树生长迅速，直立性强。成龄树半开张，叶片特大，椭圆形，较宽，在新梢上呈下垂状着生；叶缘复锯齿，大而钝，叶片厚，深绿色；花芽大而饱满，萌芽率高，成枝力强。幼树当年叶丛枝一般不形成花芽，随枝龄增长转化成花束状短果枝。幼树由于生长旺，进入结果期偏晚，一般四至五年生树开始结果，8 年丰产。莲座状结果枝连续结果能力较强，花芽多着生在三至五年生莲座状结果枝上。种植时，需配授粉树，以先锋、拉宾斯、雷尼、宾库等作授粉树。

2. 先锋（Van） 曾译名"凡"，加拿大育成的中熟品种，在欧洲、美洲、亚洲各国和地区均有栽培，烟台市农业科学研究院果树研究所 1988 年从加拿大引入。2004 年通过山东省林木品种审定委员会审定，定名为"先锋"。

先锋果实中等偏大，平均单果重 8.5 克，大者 12.5 克。五年生树产 13 千克时，平均单果重在 9 克以上。果实圆球形至短心脏形，果柄短，平均 2.8 厘米左右，果皮紫红色，艳丽，厚而韧。果肉玫瑰红色，肉质脆硬、肥厚、多汁，味极甜，可溶性固形物含量 22%，高的达 24%，品质佳，耐贮运，冷风库贮藏 15～20 天，果皮不褪色。在烟台地区 6 月上中旬成熟，熟期一致，很少裂果。

树势强健，枝条粗壮，结果早，丰产性较好。花粉量大，可作授粉树或主栽品种，异花授粉，适宜授粉品种为雷尼、宾库等。

3. 拉宾斯（Lapins） 加拿大晚熟品种，以先锋和斯坦拉杂交育成，烟台市农业科学研究院果树研究所 1988 年从加拿大引入，2004 年通过山东省林木品种审定委员会审定，定名为"拉宾斯"。

果实中大，平均单果重 7～8 克（烟台实际生产中单果重 7～8 克，而一些资料中介绍平均单果重 12 克左右）。果形近圆形或卵圆形，果柄中短，平均 3.0～3.3 厘米，果皮深红色，有光泽。果肉红色，肥厚，较硬，可溶性固形物含量 16%，风味好，品质上。在烟台地区 6 月中下旬成熟，熟期一致，高抗裂果。

树体强健，树姿半开张。早果性、丰产性均佳。可自花结实，在樱桃坐果率较低的地域栽培，可获得较好的产量和效益。树体负载量较大时，果个偏小。

4. 萨米脱（Summit） 曾译名"萨米特"，加拿大育成的中晚熟品种，亲本为 Van（先锋）×Sam（萨姆）。1989 年烟台市芝罘区农林局从加拿大引入。2005 年通过了烟台市科技局组织的省级专家验收鉴定。

果实长心脏形，果顶脐点较小，缝合线一面较平。果实极大，平均单果重 13～15 克，最大 18 克，幼树结果，单果重在

13克以上。果皮红色至粉红色。果肉肥厚多汁，肉质较硬，风味佳，可溶性固形物含量 18.5%。离核，果实可食率 93.7%。果柄中长，柄长 3.6 厘米。在烟台地区 6 月中下旬成熟，熟期一致，较抗裂果，花期耐霜冻，果品价格高。

树势强旺，树姿半开张，易成花，结果早，早丰产，以花束状果枝和短果枝结果为主，腋花芽多。异花结实，栽植时需配置授粉树，如先锋、拉宾斯、美早等。

5. 艳阳（Sunburst）　曾译名"桑波斯特"，加拿大育成的中晚熟优良品种，亲本为先锋×斯坦拉（Stella），自花结实，是拉宾斯的姊妹系。1989 年烟台市芝罘区农林局从加拿大引入。

果实近圆形，果柄粗，中长。果实极大，平均单果重12～13 克，最大可达 22.5 克。果皮红色至深红色，具光泽。果肉肥厚，质地偏软，甜味浓，品质佳，果价高。

幼树生长旺盛，果个较大，盛果期后树势逐渐衰弱，果个见小。丰产性、稳产性均好。特殊年份有裂果现象，是一个需在有防雨设施条件下栽培的大果型优良品种。

6. 雷尼（Rainier）　曾译名"雷尼尔"，1989 年引进的美国黄色品种，既可作授粉树，也可作主栽品种。

果个大，平均单果重 8～9 克，最大 12 克。果实宽心脏形，果面底色为黄色，着鲜红晕，光照良好时，可全面着鲜红色。果肉无色，可溶性固形物含量 15%～17%，品质佳。果皮薄，不耐碰压，较抗裂果，鲜食、加工兼用。烟台地区 6 月中旬、鲁中南地区 6 月上旬成熟。

树势强健，枝条粗壮，节间短，叶片大而厚，结果早、丰产，花粉多，自花不实，适宜授粉品种为先锋、宾库等。

7. 早大果　曾译名"大果""巨丰"，乌克兰育成的早熟品种，山东省果树研究所 1997 年引入。

果实大，平均单果重 8～10 克，大者可达 20 克。果实心脏形，果皮红色至紫红色，果柄中长，果肉较硬，可溶性固形物含量 14%～18%，早采时口味偏酸，风味稍淡，裂果较红灯轻。在烟台地区 5 月下旬成熟，比红灯早熟 3～5 天。树势自然开张，结果早、丰产。自花不实，需配置授粉树。

8. 早生凡（Early Compact Van） 曾译名"早生紧凑型凡"，简称"早生凡"。1989 年烟台市芝罘区农林局从加拿大引入。

果实肾形，性状同先锋，果顶较平，果顶脐点较小。果实中大，单果重 8.2～9.3 克，树体挂果多时，果个偏小。果皮鲜红色至深红色，光亮、鲜艳。果肉硬，果肉、果汁粉红色，可溶性固形物含量 17.14%。缝合线深红色、色淡，不很明显。缝合线一面果肉较凸，对面凹陷。果柄短，比红灯略长，果柄长 2.7 厘米。果核圆形，中大，抗裂果，无畸形果。在烟台 5 月 23 日左右果实鲜红色，就可采收上市，5 月 28 日果实紫红色。成熟期比红灯早 5 天左右，比意大利早红早熟 3 天，成熟期集中，2 次即可采完。能自花结实。

树姿半开张，属短枝紧凑型。树势比红灯弱，比先锋强，但枝条极易成花，当年生枝条基部易形成腋花芽，一年生枝条甩放后易形成一串花束状果枝。节间短，叶间距 2.4 厘米，叶片大而厚，叶柄特别粗短，平均 2.2 厘米，具有良好的早果性和丰产性。花期耐霜冻。

9. 美早（Tieton） 美国品种，亲本为斯坦拉（Stella）×早布莱特（Early Burlat）。大连市农业科学研究院 1988 年从美国引入，当时美国尚未命名，只有试验编号 PC71-44-6，因该品种成熟较早，从美国引入，所以大连地区果农给其命名为"美早"。

果实圆形至短心脏形，果顶稍平，果实大型，平均单果重 11.5 克，最大 18 克，高产树平均果重 9.07 克，果个大小较整齐。果皮紫红色至暗红色，有光泽。果肉淡黄色，肉质硬脆，肥厚多汁，风味佳，可溶性固形物含量17.6%，高者达21%。果核圆形，中大，果实可食率92.3%，果梗特别粗短。果实成熟发紫时，果肉硬脆不变软，耐贮运。果面蜡质厚，无畸形果，雨后基本不裂果，但个别年份、个别果实顶眼处有轻微的裂口，成熟期集中，一次即可采收完毕。在烟台地区6月中旬成熟，比先锋早熟7～9天。树体强旺，萌芽力、成枝力强，早实率高，5～6年丰产，花期耐霜冻。

10. 斯帕克里（Sparkle） 加拿大育成的晚熟甜樱桃品种，1988年烟台市农业科学研究院果树研究所直接从加拿大引入，2004年通过山东省科技厅组织专家验收鉴定，同年通过山东省林木品种审定委员会审定，定名"斯帕克里"。

果实大，平均单果重10.4克，最大16克。果实圆形至阔心脏形，果肉红色至紫红色，肉质硬、甜，品质佳，可溶性固形物含量17.8%。缝合线凹陷，果柄短，高抗裂果。在烟台地区6月中下旬成熟，熟期一致，一次即可采收完毕，耐贮运。

树体健壮，长势中庸，枝条萌芽率高，成枝力中等。幼树极易成型，一年生枝条甩放后，极易形成一串叶丛状果枝，树体结果早，可连年丰产。早结果、极丰产是其突出优点。适合密植栽培，可采用2米×4米或2.5米×4米株行距，为维持理想果个，需控制产量，并加大肥水管理。

11. 黑珍珠（暂定名） 来源不详，母树位于山东省栖霞市桃村镇桃林夼村，烟台市农业科学研究院果树研究所在进行"甜樱桃鲜食优良品种选育研究"时，选出的优良晚熟品种。2004年通过山东省专家验收鉴定。

果实肾形，果顶稍凹陷，果顶脐点大，为1.0～1.5毫米。果个大，平均单果重10克，最大16克，果个较匀称。产量在3 500千克/亩时，单果重仍在8.5克以上。果柄中短，柄长3.05厘米。缝合线色淡，不很明显。缝合线对面凹陷，两边果肉稍凸。果皮紫黑色，有光泽，黑里透亮，别有特点。果肉、果汁深红色，果肉硬脆，味甜不酸，可溶性固形物含量18%，耐贮运，无畸形果。个别年份，果实在紫黑色时若遇涝雨，部分果实梗洼处出现小裂纹。果实在鲜红色至深红色时，口感好，此时可采摘出售，但鲜红色时的果肉硬度不及紫黑色时硬。在烟台地区6月中下旬成熟，比拉宾斯成熟略晚，成熟期集中，一次即可采收完毕。

树势旺，枝条粗壮，当年生枝条基部易形成腋花芽，粗大的大长条甩放后，易形成一串花芽，成花多。具有良好的早产性，能自花结实，极丰产是其突出优点之一。

二、有待于进一步试验观察的品种

有些品种由于引进时间较晚或结果年限较短，没有表现出该品种的特性或到目前为止还无法确定其是否可以在大面积生产中推广，因此把这部分品种列入需要进一步试验观察的品种范畴内。

1. 红手球 日本山形县园艺试验站培育的晚熟甜樱桃新品种，大连市农业科学研究院甜樱桃专家王逢寿先生于2000年从日本引进中国，在大连和烟台两地进行试栽和高接头，因区域试验时间较短，目前还未能确定在中国是否可以大面积推广。

果实为短心脏形至扁圆形，果个大，平均单果重10克，果皮底色为黄色，着鲜红色至浓红色。果肉较硬，最初为乳白色，但随成熟的进展，在核周围有红色素。果肉呈乳黄色，甜味不酸，可溶性固形物含量19%，高者达24%。在烟台地区6月下旬成熟，熟期较一致。树体强健，树姿开张程度中等，具有良好的早果性及丰产性。其适宜的授粉品种为南阳、佐藤锦、那翁、红秀峰。

2. 桑提娜（Santina） 曾译名"桑蒂娜"，加拿大早熟品种，原试验编号为 13S-5-22，由斯坦拉与萨米脱杂交育成。1989 年烟台市芝罘区农林局从加拿大引入烟台市芝罘区苗圃，苗圃倒闭后，该品种进入社会。1997 年又从加拿大引入。

果实短心脏形，果个大，单果重 8～10 克，果梗中长，果皮红色至紫红色，有诱人的光泽。果肉淡红色，较硬，味甜，可溶性固形物含量 18% 左右，品质佳，较抗裂果。果实紫黑色时，又黑又亮，颇具特色。较先锋早熟 8 天。树姿开张，结果早、丰产。

3. 布鲁克斯（Brooks）　美国加利福尼亚州用雷尼和早布莱特杂交育成，目前为加利福尼亚州主栽早熟品种，山东省果树研究所于 1994 年引入。

果实大型，平均单果重 8～10 克，近圆形；果肉紧实、硬脆、甘甜，糖酸比例是宾库的 2 倍；果实艳丽，红色，多在果面亮红时采收；果柄短，长 2.68 厘米，果皮厚，耐贮运。泰安地区 4 月初开花，5 月中旬成熟，与红灯同期采收。

三、甜樱桃砧木品种

1. 莱阳矮樱　属山东草樱系中的一个自然变种。其主要特点是树体紧凑、矮小，仅为普通型草樱树冠大小的 2/3。树势强健，树姿直立，枝条粗壮，节间短。叶片大而肥厚，叶色浓绿。根系较大叶草樱发达，粗根多，固地性强，较抗倒伏。嫁接亲和性强，成活率高，进入结果期早。莱阳矮樱的矮化性状稳定，是一个理想的嫁接砧木。对密植栽培、保护地栽培、早产早丰栽培都具有重要的地位和较高的利用价值。

2. 大叶草樱　叶片大而厚，叶色浓绿，叶片长椭圆形，叶缘复锯齿状，叶脉深。分枝少，枝粗壮，节间长。根系分布深，毛根少，粗根多，固地性好，不易倒伏。抗逆性较强，寿命较长。嫁接成活率高，一般在 95% 以上。枝条较硬，直接扦插不易成活，有气生根，可压条繁殖。采用大叶草樱作砧木，突出特点为较耐涝，但不耐寒，树体生长旺盛，扩大树冠快。大叶草樱很少发生根癌病，砧木与接穗生长速度一致，无小脚病。

3. 吉塞拉系列 吉塞拉原产德国，20 世纪 90 年代山东省果树研究所王家喜所长引入。20 世纪 60 年代德国吉森市（Giessen）贾斯特斯·里贝哥（Justus Liebig）大学的沃纳·格仑普（Werner Grupe）等以酸樱桃、甜樱桃、灰毛叶樱桃、灌木樱桃等几种樱桃属植物进行种间杂交，选育出多个性状优良的无性系甜樱桃矮化砧，中国称吉塞拉（Gisela）系列。其中最有价值的 4 种矮化砧木分别为吉塞拉 5、吉塞拉 6、吉塞拉 7、吉塞拉 12。

吉塞拉 5（Gisela5）：三倍体杂种，亲本为酸樱桃×灰毛叶樱桃。在欧洲应用广泛，表现为丰产、早实。吉塞拉 5 砧甜樱桃树体大小仅为马扎德砧甜樱桃的 45％。树体开张，分枝基角大。抗樱属坏死环斑病毒（PNRSV）和洋李矮缩病毒（PDV）。在黏土地上表现良好，分蘖少。固地性能良好，但仍需支撑。

吉塞拉 6（Gisela6）：三倍体杂种，亲本为酸樱桃×灰毛叶樱桃，半矮化砧。吉塞拉 6 砧甜樱桃的树体大小为马扎德砧甜樱桃的 70％～80％。树体开张，圆头形，丰产。适应各种类型土壤，在黏土地上生长良好。分蘖少，抗病毒病。固地性能良好，但仍需支撑。

吉塞拉 7（Gisela7）：三倍体杂种，亲本为酸樱桃×灰毛叶樱桃。吉塞拉 7 砧甜樱桃的树体大小为马扎德砧甜樱桃的 50％，树体开张，花量大，早果、丰产性强。适应范围广，抗寒、抗涝、抗洋李矮缩病毒（PDV）。固地性能良好，但仍需支撑。

吉塞拉 12（Gisela12）：三倍体杂种，亲本为灰毛叶樱桃×酸樱桃，半矮化砧。吉塞拉 12 砧甜樱桃的树体大小为马扎德砧甜樱桃的 60%。适应各类土壤，抗病毒，分蘖少。固地性能良好，但仍需支撑。

4. 考特 考特为 1958 年英国东茂林试验站用欧洲甜樱桃和中国樱桃杂交育成的第一个甜樱桃半矮化砧（Colt），1977 年开始推广，20 世纪 80 年代引入我国。

考特的分蘖和生根能力很强，容易通过扦插和组织培养繁殖。其砧苗须根发达，生长旺盛，干性强，抗风力强。嫁接其上的甜樱桃树冠矮化，大小为马扎德 F12/1 砧的 60%～70%，为马扎德实生砧的 70%～80%。从定植后到 4～5 年时，树冠大小与普通砧木无明显差别，以后随树龄的增长，表现出明显的矮化效应，形成紧凑的树体结构。花芽分化早，早期丰产，果实品质好。与甜樱桃品种先锋和斯坦拉嫁接亲和性好。

考特较适于在潮湿土壤中生长，对干旱的反应比较敏感，不宜在背阴、干燥或无灌溉条件下栽培。

5. 马哈利 马哈利（Mahaleb）原产于欧洲中部地区，为欧美各地广泛采用的甜、酸樱桃兼用砧木，18 世纪欧洲开始用作砧木，在我国尚处于试验阶段。

乔木，株高 3～4 米，树冠开张。枝条细长，分枝多。叶小，圆形或卵圆形，革质，有光泽。花白色，总状花序。果实小，球形，紫黑色，离核，味苦涩，不能食用。

马哈利樱桃多用种子繁殖，萌芽率高，砧苗生长健旺，播种当年可供嫁接，嫁接亲和力较强。虽属乔化砧，但嫁接甜樱桃时砧木干留高些有一定矮化作用，树冠比马扎德的小，结果早，丰产。根系发达，多向下伸展，抗旱，耐瘠薄，但不耐涝，在黏重土壤中生长不良，比较适于在轻壤土中栽培。耐寒力很强，在 -30℃ 气温下不受冻害，在土温 -16℃ 虽有冻害但不会死亡。

6. ZY-1 意大利博洛尼亚大学 Sansavini 教授从酸樱桃中

选出。与甜樱桃、酸樱桃的嫁接亲和力强，无大、小脚现象。嫁接树半矮化，早果性好，树体寿命长。根系发达，抗盐碱、抗旱、耐瘠薄、抗病虫。

7. 兰丁系列　北京市农林科学院林业果树研究所通过远缘杂交培育。

兰丁1号、2号：亲本为 $P.\ avium \times P.\ pseudocerasus$，嫁接亲和力强，扦插繁殖容易，根深，耐瘠薄，较抗盐碱，较抗根瘤病，抗褐斑病，嫁接树角度开张，可在坡地和瘠薄的土壤上栽培。

兰丁3号：$P.\ cerasus\ cv\ CAB \times P.\ pseudocerasus$，嫁接亲和力强，扦插繁殖容易，根深，耐瘠薄，较抗盐碱，较抗根瘤病，半矮化，嫁接树早果性比兰丁1号、2号好，抗褐斑病，可在相对瘠薄的土壤上栽培。

兰丁4号：$P.\ fruiticosa \times P.\ pseudocerasus$，矮化砧木。

嫁接树体大小：兰丁1号＞兰丁2号＞兰丁3号＞兰丁4号。

第六章 甜樱桃保护地
高效栽培技术

保护地栽培甜樱桃可使成熟期提早 30～40 天，经济效益显著；能避免晚霜危害及成熟期裂果、鸟害等；可防止遇雨裂果，使其栽培范围得到有效扩大。

一、选择适宜的品种

大棚栽培应选成熟较早的红色和需冷量低的品种。据山东烟台试验，表现较好、成熟较早的品种有芝罘红、红灯、美早、莫利乌、布莱脱等。果实鲜红或紫红色，肉质较硬，风味好，树体较紧凑、结果较早、丰产、稳产。山东鲁南地区春季回暖早，可选用丰产性及品质更优的中熟品种，如宾库、先锋、雷尼、佐藤锦等。

二、大棚樱桃园的建立

选土层深厚、土质肥沃、灌水方便、排水畅通、有利于保温的背风向阳处为园址。建立大面积大棚栽培基地，在迎风面要设置人工风障。

大棚樱桃栽植的密度应比露地果园大。以莱阳矮樱作砧木，株行距可为（2.0～2.5）米×（3.0～3.5）米，每隔 3 行行距加宽 1 米，用于设置架材，每亩 67～95 株。用其他砧木，株行距 2 米×3.5 米，平均每亩 91 株。为了保证授粉，栽植品种不应少于 3 个，主栽品种至少 1 个，授粉品种至少 2 个。保护地栽培授粉树的比例应高于露地栽培，主栽树与授粉树的比例以（1～2）：1 为宜。

三、建棚和覆膜

甜樱桃建园后第四至五年才能形成一定产量。通过低产樱桃园改造、移栽和高接或适当密植，建棚时间可以提前。棚的大小，一般一个大棚以占地 1 亩左右为宜。棚的跨度取决于栽植行距，一般每 3 行一棚，为 9～11 米。棚长一般为 60～80米。棚高取决于树高并考虑管理方便。要求树顶与棚间有40～50 厘米的空间，一般拱棚的顶高 2.5～3.5 米，肩高 2.0～2.5 米。

樱桃完成自然休眠之后才能覆膜。覆膜过早，发芽、开花不整齐，影响果实的产量和质量。通过自然休眠，要达到一定的需冷量，甜樱桃为 7.2℃ 以下 1 100～1 440 小时，温度低时，时数少些。不同品种间略有差异。根据需冷量推测，烟台地区 12 月底至翌年 1 月初樱桃可通过自然休眠。具体适宜的覆膜时间，要根据大棚的设施条件和鲜果上市需求时期来确定。山东烟台、青岛地区，加温、保温条件较好的，于 1 月底2 月初覆膜；无加温、保温条件的于 2 月下旬覆膜。

四、通风及温、湿度管理

覆膜以后，棚内的气温升高很快，地温则升高较慢。为了保持地下和地上温度协调平衡，可在覆膜的同时提前用全透明地膜进行地面覆盖增温。覆膜 1 周内棚内白天气温 18～20℃，夜间气温不低于 0℃；覆膜 7～10 天后夜温升至 5～6℃，白天20～22℃。要防止 25℃ 以上的高温。

发芽到开花期，地温要求 14～15℃。棚内覆盖地膜可使地温提前 10 天达到 14℃。气温夜间 6～7℃，白天 18～20℃。盛花期夜间气温 5～7℃，白天 20～22℃ 为宜，过高或过低均不利于授粉受精。此期要严格避免—2℃ 以下的低温和 25℃ 以上的高温。谢花期温度白天 20～22℃，夜间 7～8℃。

果实膨大期，白天气温 22～25℃，夜间气温 10～12℃，有利于幼果膨大，可提早成熟。果实成熟着色期，白天温度不超过 25℃，夜间 12～15℃，保持昼夜温差约 10℃。严格控制白天气温不能超过 30℃，否则果实着色不良，且影响当年花芽分化。

大棚内的温度主要靠开关通风窗、作业门和揭盖草帘调控。大棚覆膜后，1～3 天通风窗、作业门全开，4～7 天昼开夜关，8～10 天晚上逐步盖齐草帘。后期棚内温度过高时，上午 10 时至下午 3 时要加强通风换气，控制温度不超过 25℃。

土壤相对含水量要保持在 60%～80%。通常情况下，覆膜后、发芽期、果实膨大期各浇水一次。应注意最后一次浇水不能过多，否则容易发生裂果。浇水后应及时中耕松土。

覆膜初期至发芽期，棚内空气相对湿度维持在 80% 左右。空气湿度低，发芽和开花不整齐，也易受高温危害。此期可向树体喷水，增加空气湿度。开花期空气相对湿度以 50%～60% 为宜。过高、过低均不利于授粉受精。果实成熟期空气相对湿度以 50% 为宜，太高不利于着色。

五、花果管理

大棚甜樱桃栽培，即使建园时已经配好授粉树，开花期还要仔细做好人工授粉。若授粉树不足，可高接授粉枝或在行间移接授粉树。授粉的方法与露地栽培基本相同。保护地栽培面积小时，可人工点授，再结合放养蜜蜂或壁蜂则效果更好；面积较大时，主栽品种与授粉品种开花一致，可用鸡毛掸子交互扫花授粉。无论哪种方法，授粉次数多，认真细致，则授粉效果好。为提高开花质量，促进坐果，盛花初期可混喷 0.3% 硼砂＋0.3% 尿素溶液或在盛花期喷 1～2 次 20～40 毫克/千克赤霉素，对促进坐果也有显著作用。棚内温度对开花坐果影响极大，白天要严格控制在 25℃ 以下，夜间 5～7℃。

棚内光照较露地差，果实开始着色时，可摘叶及铺设反光膜改善光照条件，促进着色。摘叶时主要摘除直接遮盖果实的叶片，先摘发黄、残缺叶和小叶，摘叶不宜过重。反光膜可铺设在行间，或剪成条状挂在行间，增加反光量。

六、整形修剪

棚栽樱桃，因受大棚和密度的制约，应采用矮小、紧凑、光能利用率高的树形。甜樱桃可用自然开心形、自由纺锤形或改良主干形等。树高控制在 2.1～3.0 米，边行树高 1.8～2.3 米，修剪主要在生长期完成。多采用夏剪如摘心、扭梢、拿枝、拉枝等，以促发分枝和控制旺长，采果后适当疏除过密枝和直立枝，促进壮树；秋季至覆膜前拉枝，调整树高和大枝角度。

七、肥水管理

除建园时在栽植沟施肥外，每年施基肥 1 次。基肥以有机肥为主，施肥时期比露地栽培提前，一般在早秋或晚夏施用。开条状沟，株施土杂肥 25～35 千克、过磷酸钙 0.5～0.75 千克、硼砂 50～75 克。追肥两次，于谢花后和果实采收后开放射状沟，每次每株施氮、磷、钾三元复合肥 0.3～0.6 千克。叶面喷肥 3 次，花期混喷 0.3％硼砂＋0.3％尿素液＋0.2％光合微肥，硬核期混喷 0.3％尿素和 0.3％磷酸二氢钾溶液。除施基肥、追肥时灌水外，果实膨大期和落叶后各灌水 1 次。

八、除膜

除膜时间根据气候条件和果实生育期而定。过了霜期，可将大棚两侧覆膜揭开卷至棚的肩部，放风锻炼 2～3 天，以后选阴天除掉膜上压杆，将覆膜卷到大棚一侧，增强光照，促进果实着色，提高果实含糖量。气温降低或下雨天，将膜重新盖好，提高温度并防雨，果实采收后完全除掉覆膜。

第七章 甜樱桃优化施用药肥，避免应用误区

一、无公害农产品甜樱桃生产中允许使用的农药

1. 杀虫剂、杀菌剂 见表 7-1。

表 7-1 甜樱桃生产中常用的杀虫剂、杀菌剂

类别	农 药 名 称
杀虫剂	2％阿维菌素乳油、10％吡虫啉可湿性粉剂、25％灭幼脲悬浮剂、50％哒螨灵乳油、50％马拉硫磷乳油、50％辛硫磷乳油、10％浏阳霉素乳油、20％四螨嗪胶悬剂、20％虫酰肼悬浮剂、5％氟虫脲乳油、25％噻嗪酮可湿性粉剂、5％氟啶脲乳油、30％毒死蜱微囊悬浮剂、52％毒死蜱·氯氰菊酯乳油、5％啶虫脒乳油、2.5％高效氯氟氰菊酯乳油
杀菌剂	5％菌毒清水剂、99％噁霉灵粉剂、80％代森锰锌可湿性粉剂、70％甲基硫菌灵可湿性粉剂、50％多菌灵可湿性粉剂、1％中生菌素水剂、27％铜高尚悬浮剂、石灰倍量式或多量式波尔多液、50％异菌脲可湿性粉剂、3％多抗霉素可湿性粉剂、石硫合剂

2. 抗毒抑菌新药——裕丰 18 裕丰 18 是潍坊华诺生物科技有限公司生产，由 18 种植物生长必需的氨基酸、微量元素、海洋生物因子、抗重茬因子调配而成的高科技产品，以芸薹素、氨基寡糖素为主要成分，结合多种促长、抗害调节因子，能够提高植物抗病毒、抗重茬能力，促进植物生长，增产、增收，是做好小麦"一喷三防"工作的特效药，与天达-2116 配合使用能明显增加效果，能防冻、抗冻，抗"倒春寒"，防病、抗病，防倒伏，防干热风，抗灾减灾夺丰收。

裕丰 18 是防治甜樱桃病毒病、腐烂病、干腐病、轮纹病、蔓枯病、干枯病、木腐病、褐斑病、锈病、白粉病、褐腐病的特效药。

如防治蚜虫、飞虱等传毒媒介，应加入高效氯氟氰菊酯或毒死蜱，如发现潜叶蛾、桑白蚧、天牛等要加喷啶虫脒或阿维菌素，加有机硅可提高防效。

二、甜樱桃健康栽培叶面肥——天达-2116

天达-2116 全名为复合氨基低聚糖农作物抗病增产剂，是由山东大学生命科学学院陈靠山教授经过 8 年研制，山东天达生物股份有限公司独家生产的一种非肥、非药、广谱、高效的抗病、增产制剂。其研制思路独特，是以海洋生物提取的活性物质低聚糖类为主要原料，应用保护细胞膜和调控内源激素的原理，配以 23 种其他成分，采用螯合工艺研制而成。这是国内首次将稳定细胞膜技术应用于农业生产，被中国科学院专家誉为是"继激素、微肥、有机质等叶面喷施之后的第四代首例产品"，并一致认为该产品具有国际先进水平。它是我国第一个出口美国的植保产品。1999 年通过科技部组织的专家论证。植保产品中第一个也是目前唯一一个被列入国家"863"计划的重大科研攻关项目。经权威部门科技查新鉴定，该产品是国内唯一利用海洋生物活性物质研制的高效无公害农作物抗病增产剂，已出口至日本、印度尼西亚、美国、德国、俄罗斯、尼日利亚、马来西亚等国家和地区。经过在 38 个国家和全国 20 多个省份 5 年 2 800 万亩 117 种作物上的试验推广应用验证，其抗病增产效果显著，大受农户的欢迎。

天达-2116 综合考虑各种植物的生态环境及收获物，从提高植物自身生命质量入手，使农作物尽量向其所能达到的理论产量和优良性状靠近，这也是天达-2116 所体现的植物健身栽培理论。

（一）功效

1. 促进根系发达 根系生长迅速，主根长，须根及起主要吸收作用的根毛数量大大增多，植物能从土壤中吸收到充足的水分和养分，为植株的健康生长奠定坚实的基础。

2. 促进茎叶生长 茎秆粗壮，叶片肥大，颜色鲜嫩，长势旺盛，叶绿素增多，光合作用强，效率高，呼吸作用减弱，农作物生长发育迅速，收获期提前，大棚蔬菜可提前 5～12 天，水果可提前 10～15 天。

3. 农作物抗病、抗逆性增强 天达-2116 不仅含有稳定细胞膜的物质，可以最大限度地发挥植物的生命力，抵御各种病虫及逆境因子的危害。天达-2116 还含有抑制病原微生物的物质，对青虫、蚜虫、线虫有一定的驱避作用。

4. 提高农作物产量 根、茎、叶的旺盛生长和抗病虫能力的提高保证了较高产量的形成。粮食作物和棉花可增产 15％～30％，瓜果增产 20％以上，地下块茎、块根作物增产 30％以上，蔬菜增产 20％～50％，增产效果显著。

5. 改善品质 天达-2116 经严格的动物实验，明显无毒、无污染，农产品外观色泽鲜亮、大小均匀、果形周正；口味、糖分、淀粉增加，纤维素减少，维生素 C 提高 20％以上；农作物抗逆、抗病性增强，农药使用减少；农药残留降低，农产品商品率明显提高。

6. 节本增效 投入产出比为 1：（3～120），加上减少了肥料和农药的使用量，改善品质后价格及综合经济效益明显提高。而且可减少因大量使用肥料、农药造成的环境污染，对提高人们的健康水平和社会效益、生态效益也有相当显著的作用。

（二）类型

天达-2116 的作用是保护和稳定植物细胞膜，所以对所有的植物都有意义。针对不同植物利用的经济器官的不同，植物生长的水、肥、气、热条件不同，各个时期生长状况不同，采取了不同的配方在原料种类和使用量，设计了专用型促进经济器官的形成、生长发育和营养物质的定向积累，以达到使用效果最佳，经济产量和优化品质提高的目的。

专用剂型包括用于叶面喷施的粮食专用、花生豆类专用、棉花专用、地下根茎专用、叶菜专用、瓜茄果专用、果树专用、茶桑专用、中药材专用、烟草专用、食用菌专用、草坪（牧草）专用、花木专用、抗旱壮苗专用，用于种子和根系处理的浸拌种专用型、天达根喜欢冲施肥等。

1. 粮食作物专用型　对水稻、玉米、小麦、燕麦、黑麦、高粱、谷子等禾本科作物，可达到三促、三抗、三防的效果。"三促"指促进早期分蘖，增加有效穗数；促进穗分化，增加结实率；促进粒大粒饱，增加千粒重。"三抗"指抗冷害等生理障碍；抗有毒物质引起的生理病害；抗细菌、病毒、真菌引起的侵染性病害。"三防"指防白穗、防倒伏、防早衰。

2. 花生豆类专用型　适用于花生、绿豆、大豆、豌豆、豇豆、蚕豆等作物。可协调营养生长和生殖生长，促进营养物质向经济器官的积累。防止徒长，抑制早衰，利于固氮根瘤的形成。对病毒病、花叶病、霜霉病等有预防和抑制作用。

3. 棉花、茶桑、中药材、烟草等经济作物类专用型　抑制各种病虫害的发生，促进产量增加，明显提高品级。

4. 地下根茎、叶菜、瓜茄果等蔬菜专用类型　可明显提高产量，改善产品品质，增强作物的抗逆抗病能力。

5. 果树专用型　适用于南方、北方的各种果树，草莓也包含在内。秋季应用利于果树养分回流，促进根系的养分积累，利于花芽饱满充实，提高越冬抗旱、抗寒、抗风能力，为下年果树的生长发育、开花结果打好基础。春季利于萌芽、开花、授粉，加强对"倒春寒"的抵御能力，提高坐果率。能克服"大小年"现象，可促进优质高产，对各种病害和蚜虫等有预防和抑制作用。

6. 食用菌专用型　如双孢蘑菇、平菇、香菇、木耳、银耳、金针菇、灵芝等，在菌丝扭结期、子实体出土期、成菇期使用，利于养分快速转化利用，提高菌丝和子实体数量，后期子实体膨大迅速，产量明显提高，改善菇质。

7. 草坪（牧草）专用型　防止草坪徒长，抑制开花结籽，草色浓绿，叶肥厚，增强抵御干旱、严寒、风沙、瘠薄、盐碱、病虫的能力。适用于球场、道路及城市绿化的各种草坪。

8. 花木专用型　明显促进花木生根，花芽和花叶、果的生长发育，增强免疫功能。赏花植物花期提早，延长花期10～20天，花朵大而鲜艳，对为害花卉的主要病原真菌、细菌和病毒具有很好的抑制作用。适用于各种观叶、观果、观花的花木品种。

9. 抗旱壮苗专用型　抗旱壮苗专用型是针对幼苗期的营养需求而发挥作用的。旨在提高幼苗的吸水、保水和抗低温的能力，预防病原侵染和生理病害的发生，并抑制幼苗徒长，保证营养物质向根系积累，以培育发达的根系和健壮的幼苗，为整个生育期的健康生长发育奠定基础。

10. 浸拌种专用型　适用于播种和扦插移栽的所有植物，可用于拌种、浸种、蘸根。对大田直播和育苗播种的、种皮较薄的种子采用拌种，对种皮较厚的种子采用浸种，对切块马铃薯、插秧水稻、扦插移栽苗木采取蘸根的方法。使用后能提高种子发芽率、发芽势、出苗率和苗木成活率。使根系早生、健壮，为吸收充足养分、促进后期生长打好基础。可抑制苗期的各种真菌、细菌及病毒的侵染。

（三）使用方法

一般植物，在种子和苗期都是使用天达-2116壮苗灵的最佳时期，因为这时植物根系弱，急需强根壮苗，而天达-2116

能使苗期的生长优势保持到成熟。作物生殖生长时期，可在花前一周、花后一周和膨大期喷施天达-2116。

1. 喷施方法

（1）一般 1 袋 25 克对清水 15 千克，随配随用不要过夜。

（2）用喷雾器均匀喷施于叶子的正面和背面（叶背气孔多，更易吸收）。

（3）用量以叶面落满露珠为佳，一般每亩 1 次用 1～2 袋。

（4）喷施时间一般在下午进行，温度在 10～24℃ 为好，喷施后 4～6 小时遇雨重喷；若与天达有机硅混合，雨后无需重喷。

（5）与农药混用有增效作用，但不能与碱性农药混用（如波尔多液、石硫合剂等）。

（6）一般在 3 个重要生育时期各喷施 1 次，花卉一般在花前一周开始每隔 15 天 1 次，连续喷施 3 次。

（7）天达-2116 最好在 5～35℃ 下保存，冬季不要低于 0℃，夏季不高于 40℃，防止功效减弱。

2. 浸拌种方法

（1）根据不同作物种子，每袋 25 克浸拌种专用型加水 0.75～1.00 千克，加入种子 5～10 千克，拌匀，晾后播种。

（2）根据不同作物种子如玉米，每袋浸拌种专用型加水 10 千克，浸种 12 小时，而水稻加水 15 千克，浸种 48 小时。其间翻动几次，捞出晾干播种，切勿闷种。

3. 配合使用效果好

（1）浸拌种专用型、抗旱壮苗专用型和其他用于喷施的专用型可以在作物的不同生育时期配合使用。如番茄播种前先用浸拌种专用型 400 倍稀释浸种，幼苗期 4～6 片真叶时用抗旱壮苗型 600 倍稀释液喷施，初果形成期、成熟期及结果盛期各喷施一次瓜茄果专用型 600 倍稀释液效果更佳。

（2）提倡与农药混用，但农药必须稀释高倍数，这样既减少用工，又能起到增效作用，一次喷药达到多种效果。

（3）喷施天达-2116 和其他农业技术措施密切配合效果更佳，如要延长生长结果期、提高产量，应适当多浇水，为减少人工，与农药、肥料混用来综合防治病虫害，以及其他的一些田间管理配套措施，获得最高的经济效益。

三、高效农药增效渗透展着剂——天达有机硅

天达有机硅采用高效有机硅表面活性剂——100％乙氧基改性三硅氧烷，是新一代的农用喷雾助剂，使农药药效发挥发生了划时代的变革，让水基制剂容量喷雾成为可能。

1. 产品特点　超强的铺展性，优秀的渗透性，高效的内吸和传导性，耐雨水冲刷性良好的易混性，高度的安全性和稳定性。

2. 优点

（1）消除抗性，快速穿透蜡质层直达标靶。

（2）增强药液附着，提高农药利用率，减少农药使用量。

（3）优秀的润湿性与扩展性，增加覆盖面，提高农药功效。

（4）促进内吸型药剂通过气孔渗透，提高耐雨水冲刷力。

（5）降低农药残留，减少农药流失，促进药液快速吸收。

（6）降低喷雾量，合理省药节水，省工、省时、省力、增效。

3. 使用范围　广泛添加于杀虫剂、杀菌剂、灭生性除草剂、植物生长调节剂、叶面肥和微量元素等农用化学品中喷雾。打药时加入有机硅，下雨无需再重喷，省工、省药又省线。

4. 用量与用法　喷雾使用浓度为 3 000 倍（即每桶 15 千克药液中添加一小袋 5 克天达有机硅助剂），或者将 50 克天达有机硅助剂加入 150 千克药液（3 000 倍），或一瓶盖（5 克）

加入15千克药液中混匀即可喷雾。建议采用细喷头低流量高压喷雾器，增效效果更佳。在果树、花生、瓜类等作物上，可提高使用浓度为6 000倍。

5. 注意事项

（1）即配即用。天达有机硅加农药混合液应在配好后4小时内完成喷雾。

（2）请避免在高用药量、高喷雾量操作中使用本品，以免造成药剂浪费。

（3）储存于阴凉干燥处，确保儿童不能触及，产品开封后应尽快使用，不得食用。如本品不慎溅入眼睛，应立即用大量清水冲洗，并到医院就诊。

（4）本品为农用有机硅助剂，对人、畜、禽无害。由于其渗透能力强，使用时操作者要做好安全防护措施，如佩戴防护镜、穿着防渗透的保护服等。

四、甜樱桃保花保果防畸防裂果肥——天达硼

硼是作物生命活动中必不可少的微量元素之一，为核酸、蛋白质、生长素等的合成以及花粉管萌发和延伸所必需。与细胞分裂、授粉受精、养分吸收及糖类的输送等有密切关系。

1. 作物缺硼时表现症状

（1）根系发育不良，根尖枯死，根部或茎部中心部分变黑。

（2）生长点及新叶生长停止、变脆皱缩、白化或褐化，叶柄或茎弯曲木栓化，植株萎缩甚至枯死。

（3）果实畸形，发育缓慢，果皮增厚，果汁率低，商品果产量下降。

（4）造成花粉及花粉管生长受阻，使作物出现蕾而不花、花而不实、落果裂果的现象。

2. 产品特点　天达硼是采用100％进口优质硼肥，其特点

为：超浓缩、溶解快、溶解度高、黏附性强、渗透性好、吸收迅速、利用率高，作物施用后可有效解决作物的花蕾脱落、花而不实、实而不果、落果裂果、果实畸形问题，促进作物抗病、抗逆、果实早熟、高产优质。

3. 施用范围　见表 7-2。

表 7-2　天达硼施用范围

作物类型	种　　　类
果树类	甜樱桃、苹果、梨、枣、桃、葡萄、西瓜、柑橘、香蕉、芒果、荔枝、甜橙等
蔬菜类	黄瓜、番茄、茄子、萝卜、山药、马铃薯、菠菜、大白菜、辣椒等
粮食类	玉米、小麦、水稻、高粱、谷子等
经济类	油菜、棉花、花生、大豆、甜菜、向日葵

4. 使用方法　将本品按 1 000～2 000 倍稀释，搅匀，于作物需硼高峰期（苗后期、现蕾期、初花期、幼果期、结荚期等）进行叶面喷施，用量以叶面落满露珠为宜。

5. 注意事项

（1）喷施时，稀释倍数不得低于 1 000 倍，防止农作物硼中毒。

（2）喷施不宜在阳光直射下进行，宜于上午 10 时以前或下午 4 时以后喷施。

（3）放置阴凉干燥处保存。

五、甜樱桃健康栽培肥料

（一）75%有机肥

天达家族有机肥选用优质有机原料，添加了获得国家"863"计划的高科技产品——复合氨基低聚糖抗病增产剂，结合菌体蛋白和接种 EM 生物菌种，采用高科技生产工艺科学配伍而成。

1. 产品功能

（1）改良土壤。产品内含复合氨基低聚糖抗病增产剂、有益菌和高效有机质，能活化土壤、增加土壤团粒结构、增强土壤通透性；调节土壤 pH、缓解土壤盐渍化程度、减轻土壤板结；增加土壤保肥、保水能力，提高土壤供肥能力；改善有益微生物的繁殖条件，减轻了重茬病的危害。

（2）抗逆增产。产品中复合氨基低聚糖抗病增产剂、高效活化有机质、有益菌及一定量的螯合态的中微元素，能增强植物的免疫力，减少植物各类病害发生，特别是土传病害、生理病害的发生；同时抑制线虫及地下害虫的繁殖，使植物生长健壮，增产明显。

（3）改善品质。复合氨基低聚糖和活化有机质能吸附降解土壤中的有害物质，特别是铅、砷、汞、镉、铬等毒性离子和自毒毒素，减少农产品中的有害物质残留。同时提高农产品中营养成分特别是维生素的含量，口感好、光泽亮，明显提高农产品品质。

2. 适用范围 粮、棉、油等大田作物，瓜、茄、果、叶菜、根茎等蔬菜，果树、苗木、烟、茶、桑、中草药等经济作物。

3. 施用方法 基施（撒施翻耕、沟施）、种肥（条施、穴施）、培养基（育苗）

4. 施用量 根据作物的需求量及土壤有机质含量和物理状况合理选使用量。一般大田作物基施 50～100 千克/亩，瓜、茄、果、根茎类蔬菜和果园 100～400 千克/亩，叶菜类 100～200 千克/亩，种肥 50～100 千克/亩，培养基 10％～20％。

5. 注意事项 一般作底肥基施，也可早期追肥；不可与杀菌剂同施；贮存时注意防潮防湿。

（二）硫基复混肥料

1. 品种 氮、磷、钾含量分别为 13％、5％、18％，

15％、5％、20％和16％、10％、16％三种。

2. 产品特点　天达家族硫基复混肥内含复合氨基低聚糖，高效氮、磷、钾及锌、镁等中微量元素，经高科技生产工艺加工而成。其特点主要有营养全面、速效高效、肥料利用率高；活化土壤，增加土壤团粒结构，提高土壤保肥、保水和通气能力，缓解土壤板结；增强作物光合效率，提高作物免疫力，抗旱、抗寒、减轻肥害、缓解药害（特别是除草剂药害）；降低残留，生态环保，提高产品安全性。

3. 适用作物　为广谱肥料，适用于粮、棉、油作物，瓜、茄、果、叶菜、根茎蔬菜，果树、苗木、花卉、中草药、烟、茶、桑等作物。

4. 使用方法　粮、棉、油、叶菜、苗木、中草药、烟、茶、桑等作物主要作基肥施用，每亩40～50千克（最好结合硫磷酸铵同施）；果树、瓜、茄、果、根茎类蔬菜和花卉主要作追肥，每亩每次追15～40千克。施用量可根据具体情况增减。

5. 注意事项　尽量避免种子、幼根与肥料直接接触；本产品易吸潮，储运时注意防湿防潮。

（三）新植甜樱桃园套作花生专用肥——有机无机复混肥

1. 产品特点　天达家族有机无机复混肥采用国家"863"计划高科技产品复合氨基低聚糖抗病增产剂，配合高效氮、磷、钾及中微量元素，在水溶性有机质——腐殖酸的作用下，营养齐全、供肥均衡、速效长效相结合，利用率高；同时调理土壤，增强作物活性。可保障作物高产稳产，优质增收。

（1）产品中复合氨基低聚糖、水溶性腐殖酸能促进土壤有益微生物及植物体内酶的活性，增强植物抗寒、抗旱、抗病、抗重茬能力。

（2）产品中含有大量和中微量元素，配比合理，营养全面，在腐殖酸作用下，植物生长稳健，减轻了缺素症的发生。

（3）产品中复合氨基低聚糖、高效腐殖酸可改善土壤环境、增强根的活性、协调植物生长发育，提高根对肥水的吸收能力。

（4）复合氨基低聚糖和高效腐殖酸可促进植物生理代谢，降低药残、肥残，增加农产品维生素含量，提升品质。是生产绿色或有机农产品的首选肥料。

2. 适用作物　本品为广谱肥料，主要用于花生栽培。

3. 使用方法　可基施、追施，一般亩施 50～80 千克，可根据花生需肥特点和当地土壤供肥特性增减施用量。

4. 注意事项　施肥后及时覆土；肥与种苗间隔 8～10 厘米；储存在阴凉干燥处、防止阳光暴晒。

（四）果园新肥——中微量元素肥（土壤调理剂）

1. 产品知识　以农用保水剂及富含有机质（腐殖酸）的有机物为主要原料，辅以生物活性物质及营养元素组成，经科学工艺加工而成的产品，具有改善土壤理化性质及生物活性的物料称之为土壤调理剂，其特点是改善土壤通气性，保肥、保水，增加肥效。

2. 土壤调理剂的特点　本产品是国家"863"计划成果产品，内含复合氨基低聚糖、腐殖酸、中微量元素（有效钙 20％，有效硅 12％，镁 5％），采用先进生产工艺，科学配伍而成。

3. 产品功能　协调作物大中微元素平衡吸收利用，避免缺素症的发生，提高肥料利用率。同时促进作物体内及土壤中有益微生物的繁殖，抑制病原微生物的繁育，降低作物各种病害包括生理病害的发生率。

活化土壤，增加土壤团粒结构，提高土壤通透性，缓解土壤板结；调理土壤，缓解重茬病的危害。

活化作物细胞，提高免疫力，增加作物抗旱、抗冻、抗干热风、抗病虫害能力，缓解药害、肥害（包括除草剂药害）。

可促使果实提早成熟，上色好、表面光亮，形态整齐；又可降低农药残留、重金属残留，是生产绿色农产品或有机农产品的必选。

4. 适用范围 适用于各种作物，特别是果园、大棚蔬菜及易缺钙、缺硅、缺镁田。

5. 施用方法 可作基肥，也可早期追施，和有机肥掺混施用效果更好。

大棚蔬菜每亩施 75～100 千克，果树每株施 1～1.5 千克。

6. 注意事项

（1）不可作种肥。

（2）不能替代氮、磷、钾肥料。

（3）不可与碳酸氢铵、磷酸二铵、尿素及复混复合肥直接混合施用，可与有机肥混合后再与三大元肥混合施用。

（五）寡糖素功能肥

1. 寡糖素功能肥特点 本品是国家"863"计划成果产品，内含腐殖酸、寡糖素、高效氮磷钾、中微量元素以及增渗剂。氮、磷、钾含量分别为 20％、15％、15％，采用国内先进生产工艺科学配伍而成。

（1）提高肥效。功能肥中各元素配比合理，在寡糖素、腐殖酸、渗透剂的作用下全水溶，渗透性强、利用率高，比一般冲施肥利用率提高 20％以上。

（2）改良土壤。产品中的腐殖酸、寡糖素能改良土壤环境，调节土壤酸碱度，预防土壤板结和次生盐碱化，提高土壤有益菌的活性，促进有益菌群（固氮菌、光合菌、酵母菌、木霉菌、硅酸盐菌、乳酸菌、芽孢杆菌、放线菌等）的繁殖，改善土壤微生物菌群的组成，为作物创造良好的微生态环境，抑制病原菌的繁殖，对作物各种病害（特别是土传病害、生理病害）有很好的预防作用。

（3）促根壮棵。功能肥使作物幼根生长加快，老根衰老缓慢，再生能力增强，根系深广，提高对肥水的吸收能力；也使作物叶绿素含量增加，叶片肥厚，光能利用率提高，光合作用增强。同时诱导作物体内酶的活性，增强作物对病原微生物的抗性，降低病害发生率，作物生长健壮旺盛。

（4）抗逆延寿。本产品能促使作物调控脯氨酸、丙二醛等抗逆指标，提升作物抗冻、抗旱等抗逆能力，延缓作物衰老。

本产品安全无毒，无激素，不含重金属离子及氯离子，绿色环保，是生产绿色、有机农产品的首选功能性肥料。

2. 适用作物　果树，瓜、茄、果、根茎类蔬菜，果实类中草药等作物中前期使用；食用菌、烟、茶、叶菜类蔬菜、茎叶类中草药、苗木等经济作物全生育期使用。

3. 使用方法　作基肥每亩 10～15 千克（结合有机肥施用更好），在作物生长期冲施每亩次 5～10 千克（苗期减半），淋施、滴灌浓度以稀释 600 倍（5 千克本品用水 3 米^3）为宜，每次间隔 7～15 天。

4. 注意事项

（1）在阴凉通风干燥处储存。

（2）对人、畜无毒，但不可食用。

（3）湿度、温度、光线会对产品颜色、性状产生影响（吸潮易胀袋结块），但质量效果不变。

（4）开封后应尽快施用。

（六）稀土元素肥

稀土元素是指元素周期表中序号为 21 的钪和序号为 29 的钇及序号为 57～71 的镧系 15 种元素，共 17 种元素的总称。

在农业上主要是以硝酸盐复合产品的形式使用。其主要作用：

（1）促进种子发芽出苗。

（2）改善光合器官的形态，提高叶绿素含量，提高光合能力。

（3）促进根系发育，并提高对营养的吸收、转化能力。

（4）提高作物免疫力，增加作物的抗冻、抗旱涝、抗病虫能力，提高产品品质。

1. 产品特点　本产品是国家"863"计划成果产品，内含腐殖酸，大、中、微量元素及稀土元素，渗透剂，采用先进生产工艺科学配伍复合而成。氮、磷、钾含量分别为 10%、5%、35%，属高钾型全水溶冲施肥。

本产品大、中、微量元素及稀土元素协同互助，养分搭配合理、全水溶、易吸收、利用率高，光合速率高，对保花保果、提高膨果速度、增加单果重量、预防裂果和空心果起重要作用。

本产品能提高细胞膜的稳定性及自我修复功能，增强作物对病原微生物及逆境因子的抵御能力，提高作物自身的抗冻、抗寒、抗旱及抗涝能力，延长功能期，提高产量。

本产品可活化土壤，增加土壤团粒结构，改善通透性，防止土壤板结和次生盐碱化，改善土壤微生物区系组成，提高土壤有益微生物的繁殖量，抑制土壤病原菌的繁殖，作物生长健壮，降低作物的感染发病概率。

本产品绿色环保，无激素，无毒性残留，降低农药残留，是生产绿色有机农产品的首选功能肥。

2. 使用作物　果树，瓜、茄、果类，根茎作物，作基肥施用或在膨大期使用。

3. 使用方法　作基肥每亩 10～15 千克，结合有机质肥料施用更好；在作物生长期冲施每亩次 5～10 千克；淋施或滴灌以稀释 600 倍为宜（5 千克对水 3 米^3）；两次施用间隔 7～15 天。

4. 注意事项

（1）在阴凉、通风、干燥的环境下贮存，空气温度、湿度或光照条件等原因会使产品颜色性状发生变化，但不影响效果。

（2）产品对人、畜无害，但不可食用。

（3）产品的用法用量可根据当地实际情况先试验后推广。

（4）开封后尽快施用。

（七）生根王、根喜欢冲施肥

1. 产品营养含量　游离氨基酸100克/升以上，有机质210克/升以上，微量元素（锌和硼）20克/升以上。

2. 产品特点　为全水溶高浓缩液体冲施肥，采用进口原料，有机无机科学配伍，使用先进的超微粉碎技术有机螯合而成。具有养分含量高、速效缓效相结合、利用率高、改良土壤等特点。

3. 产品功能

（1）促进根系发育，缓解低温冻害。施肥后，根系发育加快，根毛多且分布均匀，根功能期延长，吸收能力增强。促使作物生长势由弱转强。

（2）活化土壤。增加土壤团粒结构，调节土壤酸碱性，防止土壤酸化、盐渍化，改善土壤通透性，解除土壤板结。

（3）增强作物抗逆性，提高作物抗旱、抗寒、抗病、抗重茬能力。同时缓解药害（特别是除草剂药害）、肥害，使作物生长健壮、整齐。合理冲施，蔬菜一般增产30%以上，果树增产20%以上。

（4）营养均衡，肥效高。本产品内含氨基酸、各种矿质养分、维生素、高分子吸附剂等物质，相互助效，产品利用率高，坐果多、膨果快、果形好、色泽亮、口感好、品质佳。

4. 适用作物　黄瓜、西瓜、甜瓜、西葫芦、番茄、茄子、辣椒、草莓、菠菜、油菜、芹菜、花菜、葱、姜、蒜、马铃薯、萝卜、牛蒡、山药、苹果、桃、梨、樱桃、枣、柑橘、烟、茶、桑、棉等作物。

5. 使用方法　可冲施、滴灌、沟施、穴施等。作物生长前期每亩次施 3 千克，作物生长后期每亩次施用 5 千克。

6. 注意事项　在阴凉、干燥处储存，避免阳光暴晒；若涨桶不影响肥效；若有沉淀需摇匀后使用，不影响肥效。

参 考 文 献

邵达元.1996.高效水果——大樱桃［M］.青岛：青岛出版社.

谭秀荣.1999.甜樱桃高效栽培新技术［M］.沈阳：辽宁科学技术出版
社.

王忠和.2006.最新甜樱桃栽培实用技术［CD］.泰安：山东农业大学
电子音像出版社.

杨力,张民,万连步.2006.樱桃优质高效栽培［M］.济南：山东科学
技术出版社.

张凤仪,张宏.2006.实用樱桃栽培图诀［M］.北京：中国农业出版
社.

张玉星.2012.果树栽培学各论：北方本［M］.北京：中国农业出版
社.